親膚・好洗
45款經典
手工液體皂

Making Natural Liquid Soaps

洗髮精・沐浴露・洗手乳，
美國手工皂女王長銷20年的經典不敗配方

45款液體皂×46款精油香氛，在家做專屬於你的天然液體皂。

*Herbal Shower Gels, Conditioning Shampoos,
Moisturizing Hand Soaps, Luxurious Bubble Baths, and more*

凱薩琳・費勒
Catherine Failor——著

王念慈——譯

自序│液體手工皂的精華集結

三十幾年前，我走進了一間位在奧勒岡州尤金市的小書店，那次的機緣，讓我對手工皂深深著迷。步入店內，目光立刻被一本輕薄、迷人的小書吸引。封面印著一位女士正在雕琢皂條的照片，書名為《手工皂：享受手作樂趣》（*Soap: Making It, Enjoying It*），作者是安‧布蘭姆森（Ann Bramson）。我目不轉睛地盯著書封面上的皂塊，覺得它們看起來比珍貴的珠寶還耀眼奪目。自此之後，我就一頭栽入了手工皂的世界，不斷在這個領域鑽研。

我常在想，為什麼這些年來，手工皂能夠讓我如此樂此不疲。典雅、討喜的外型當然占了一部分原因，但我想更吸引我的，大概是它無窮無盡的多變性，能讓我不斷在其中探索、發現和發揮創造力！

不過，即便肥皂在生活中唾手可得，又與我們有著非常密切的關係，但相較烹飪、園藝和其他工藝（如裁縫、珠寶製作或陶瓷），確實比較少人特別撰寫有關肥皂的書籍。或許是因為自古以來，肥皂製造者一直被分為兩大類：農村婦女與商業化製皂業者。前者多半做「外觀粗如砂礫」的鹼性皂（這類鹼性皂雖然其貌不揚，但相當萬用，不只能拿來洗去衣物的髒汙，還可以用來洗澡）；至於後者所做的肥皂則礙於商業機密，不便公開製皂方法。

過去幾年，出版界陸續有幾本優秀的手工皂書籍問世，不僅興起大眾對手工皂的興趣，也讓居家手工皂這門藝術的精緻度更

上一層樓。但這些書介紹的製皂方法皆為冷製法（cold-process），這點一直讓我對其他未提到的製皂資訊耿耿於懷。而未提及的正是「熱製法」（hot-process），和所有能應用熱製法製作的皂體，如：透明和半透明的皂條、液體皂、沐浴露、霜皂（cream soap）和浮水皂（floating soap）等。

　　二〇〇〇年時，我就曾在著作《製作手工透明皂》（*Making Transparent Soap*）一書中，首次探討熱製法。至於本書，則是累積了我在熱製皂領域投注的大量心血和嘗試，所集而成的結晶。如果你看過其他任何一本製皂相關書籍，肯定會明白，為什麼我會特別強調自己在這本書上耗費的「心血」，因為那些書所提供的液體皂和沐浴露製造資訊，實在太過粗略又不完整；且它們的目標讀者，多半是鎖定在已經知道製皂竅門的大型工業化製皂者身上。因此，在這本書中，我不單單是個作者，也同時扮演了翻譯員和解說員的角色：將工業化的製皂技術轉換成可在自家廚房進行的步驟，並針對那些過去製皂手冊需要釐清的內容加以闡述。

　　本書可說是我用滿滿的愛，辛苦孕育出的精華，不過老實說，當中的許多發現其實都是出於偶然。液體皂這門學問實在是太博大精深了，我想我在本書所提供的資訊一定無法盡善盡美，但我由衷希望，這本書能提供有興趣動手實作的你一個好的開始。

目錄
Contents

Chapter 4 　優質天然洗髮精

Chapter 5　頂級沐浴露

Chapter 6　奢華泡泡浴露

Chapter 7　調色與賦香

Chapter 8 手工液體皂 Q&A 研究室

關於肥皂

肥皂是何方神聖,為什麼具有清潔功效?

「肥皂」和「皂化」的英文分別為「soap」和「saponification」,兩者皆是由「sapo」一詞發展而來。「sapo」是遠古時代的高盧人用動物油脂和樹木灰混製,而成為具清潔效用的軟膏。儘管現代化學精進了製作肥皂的原料和技術,但製造肥皂的原理跟兩千年前沒有什麼差別:在「皂化」這個化學反應中,脂肪酸(動、植物來源皆可)與強鹼水溶液(氫氧化鈉或氫氧化鉀)結合,就會產生「皂體」和「甘油」(glycerin)。

這一切都是化學的傑作

俗話說,「油水不相容」。這表示製皂者要將鹼液倒入油脂時,會碰上麻煩,但製皂過程中的所有化學反應,又都必須讓這兩項物質相互接觸才行。幸好,這道難題可以從油脂本身的化學結構找到解決之道。所有油脂都是由三酸甘油酯(triglyceride)組成,而三酸甘油酯的結構形似大寫英文字母 E,由一個甘油分子(相當於 E 的直劃)作為骨幹,其上連結三個鏈狀的脂肪酸分子(相當於 E 的橫劃)。這些三酸甘油酯的結構相當緊密,不過就算是最純淨的油脂,裡頭也一定有少量沒與甘油連結的脂肪酸,即游離脂肪酸(free fatty acids)。因此,當我們將苛性鹼液(caustic solution)加入油脂時,皂化反應就會優先在這些游離脂肪酸和鹼液之間發生,形成少量的皂體。

　　皂體是個絕佳的乳化劑（emulsifier）。那些一開始形成的少量皂體，會慢慢「乳化」尚未皂化的油脂，讓油脂裂解成微小的油滴。裂解後的油脂會形成更大的表面積，並為油脂和鹼液之間創造出更大的反應介面（interface），加速皂化反應的進行（分享一個居家製皂的省力小訣竅：你可以先將幾公克的碎皂〔鈉皂或鉀皂皆可〕溶在水裡，再用它調成製皂的鹼液。製皂時，這些鹼液中的皂體就會加速脂肪乳化，大幅降低攪拌時間）。

　　等鹼液中的鹼與油脂中的脂肪酸充分反應過後，皂化反應才算是大功告成。除了皂體外，皂化反應還會釋放出三酸甘油酯的甘油分子，產生甘油。一般來說，製皂商多半會利用食鹽將皂化產生的甘油分離出來，另作原料出售。不過，手工皂通常不會這麼做，正因如此，保有甘油的手工皂，質地才會特別柔軟，洗起來也特別滑潤。

肥皂的清潔原理

　　肥皂有一個非常矛盾的性質，「既親水，又親油」。肥皂分子的「頭部」是由鈉離子或鉀離子組成，具有親水、厭油的特性；「尾部」則是由脂肪酸鏈組成，具有厭水、親油的特性。就是基於肥皂的這項矛盾性質，才賦予了肥皂這般良好的清潔能力；因為它能成為「油」與「水」之間的媒介，讓這兩種完全不相容的物質有辦法處在一起。

　　肥皂溶解在水中後，其分子尾部的親油端會自動朝皮膚或織物上的髒汙靠攏，並在該塊髒汙周圍形成一圈環狀的結構（即所

謂的微粒〔micelle〕），包覆住髒汙，這個過程中，肥皂尾部的親油端就可將髒汙分解成較小的分子。不過別忘了肥皂分子的頭部為親水端，所以此刻肥皂分子的另一端也會深受洗衣槽或洗衣機裡的水分子所吸引。因此簡單來說，肥皂的清潔原理主要是由兩大階段構成：一為分解髒汙，二則為帶走髒汙。前者是利用肥皂分子尾部的親油性包覆髒汙，達到乳化、分解髒汙的效果；後者則是利用其頭部的親水性，將親油端包覆的髒汙拖入水中，讓髒汙有機會隨水沖離皮膚或織物。

鈉皂 vs. 鉀皂

不論是液體皂或固體皂，所有的皂體皆由鹼液和脂肪酸之間的化學反應而來。氫氧化鈉（sodium hydroxide）和脂肪酸反應後，會因為鈉的結晶形成固體的皂體。也就是說，你在市面上看到的固體皂，都是鈉鹽和脂肪酸作用後產生的結晶。至於這些皂體的外觀是否透明，則取決於它的肥皂結晶是否夠細緻，一般來說，製皂溶劑中有添加酒精、甘油和糖者，其產出的固體皂外觀也會較為透明、清澈。

氫氧化鉀（potassium hydroxide）則是所有液體皂的基底。鉀離子不僅比鈉離子容易溶於水，同時也比較不容易形成結晶。所以你會發現，液體皂的外觀多半跟透明皂一樣晶瑩透亮。

為什麼要自製液體皂？

在第一次世界大戰前，所有的液體皂都是以氫氧化鉀作為基底。然而，戰爭期間油脂來源短缺，當時的製皂商不得不另覓其他製皂原料。合成洗劑就是在這個時空背景下應運而生，並迅速攻占市場，成為今日市場的主流清潔商品。不過，隨著近日養生意識抬頭，愈來愈多人不願再繼續使用合成洗劑，開始尋求其他天然替代品，而液狀的鉀皂正是不二人選。鉀皂是以純淨的天然原料製成，不但做法簡單、成本不高，配方還可以依照個人的膚質狀況進行調整。另外，鉀皂也非常萬用，只要稍稍調整基本配方中的一、兩種材料，即可讓你製作出洗手液、洗髮精或泡泡浴露等不同用途的清潔用品。

Chapter 1

準備製作液體皂的
材料與器具

本章列出了可製造「傳統」液體皂的各種成分和添加物，
你可以任選其中的任一款油品與氫氧化鉀混製成基本款的液體皂；
也可以揀選多款油品，搭配各式添加劑，
調製出專屬你的特調液體皂。

水、十二烷基聚氧乙醚硫酸銨（ammonium laureth sulfate）、乙二醇二硬脂酸酯（glycol distearate）、椰油醯胺 MEA（cocamide MEA）、硬脂醇（stearyl alcohol）和乙二胺四乙酸二鈉（disodium EDTA）等，都是很常見的液體皂成分，但我想大部分消費者認得的成分大概只有水。

坦白說，上述這些由實驗室合成的化合物，只不過是現代洗劑成分裡的冰山一角，因為現代洗劑除了要具備清潔能力外，還必須兼具不易受溫度和光線影響的穩定性，才能滿足業者將商品長途運送至各地販售的需求。不過，在過去，那段國際貿易和大規模營銷模式尚未興盛的日子裡，所有液體洗劑的成分就跟肥皂一樣簡單，除了椰子油和氫氧化鉀外，幾乎不太會再添加其他成分。

特別提醒，在準備採買材料前，請務必先閱畢本書的全部內容，因為後續章節所介紹的製皂步驟和配方，皆可幫助你規劃出最經濟實惠的採買清單。

🌿 硬油

　　硬油（hard fats）主要由硬脂酸（stearic acid）、棕櫚酸
（palmitic acid）和月桂酸（lauric acid）等脂肪酸組成。這些
脂肪酸在室溫下會呈固態，所以諸如牛油、椰子油或棕櫚油等含
有大量這類脂肪酸的油脂，在室溫下也會比較容易呈現固態。

椰子油

　　對絕大多數的液體皂而言，椰子油是不可或缺的重要角色。
因為含有非常豐富的月桂酸，而月桂酸在製作液體皂方面具備一
個強大的優勢，即溶解度高。

　　脂肪酸的溶解度愈高，其液體皂的成品就愈不容易混濁；同
時，脂肪酸的溶解度愈高，也意味著之後在使用該皂體時，它能
比較快產生大量泡沫。這項特性對液體皂格外重要，因為用水稀
釋液體皂的濃度會降低它起泡的能力，且硬水中的礦物質也會降
低液體皂成品的起泡能力。

　　正因為以椰子油為基底的皂體在水中很好溶解，所以在皂糊
凝固之前，即便皂體濃度較高，我們還是有機會調入更多的水分。
以純椰子油製成的皂糊為例，若將它與水以 4：6 的比例調配，其
混合物仍可保有很好的流動性；但反觀以純橄欖油製成的皂糊，

它與水頂多就只能以 2：8 的比例混合，因為若將皂糊的比例再提高，混合物就會出現凝固的現象，降低成品的流動性。公共場所提供的洗手液大多會選用以椰子油為基底的皂液，其中一項原因就是考量到它不易凝結的特性，可以減少皂液堵住的風險。

　　不過，椰子油裡的月桂酸雖可增加皂液的清潔力，卻也比較容易讓使用者的皮膚感到乾澀。幸好，只要在椰子油裡混入一定比例的軟油，如橄欖油、芥花油或紅花油，這個問題即可迎刃而解。除了椰子油外，棕櫚仁油也是很棒的液體皂基底，因為它和椰子油的脂肪酸組成比例相似；但棕櫚仁油的皂化價較低，所以在皂化時，其需要的鹼量會比椰子油少 20％ 左右。欲了解其他油品在皂化時所需的鹼用量，可參閱第 92 頁的「常見油脂和蠟類皂化所需的強鹼用量」一表。

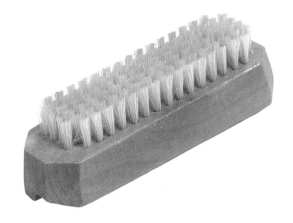

用洗手液洗手時，豬鬃刷是清潔
指甲縫隙的好幫手。

（編注：皂化價是皂化 1 公克油脂所需 KOH〔氫氧化鉀〕的毫克數，是做皂時最基礎也是最重要的觀念，從定義也可以算出 NaOH〔氫氧化鈉〕皂化價＝ KOH 皂化價／ 1.403。）

棕櫚油和牛油

　　棕櫚油和牛油的特性很適合用來做不透明的洗手皂。可以產生豐富、穩定的泡沫，並創造出質地堅硬、耐用的皂條。這兩種油品之所以會有這些特性，都要歸功於構成它們的主要脂肪酸：棕櫚酸和硬脂酸。不過，絕大多數的液體皂都不太歡迎棕櫚酸和硬脂酸的存在，因為液體皂的成品講求清澈度，但這兩種脂肪酸與氫氧化鉀反應後，都會形成不易溶解的皂體，使液體皂呈現混濁的霧狀。但若能酌量使用，棕櫚油和牛油還是有機會在不影響液體皂清澈度的情況下，增加液體皂成品的稠度。

可可脂

　　可可脂是由烘焙過的可可豆萃取而來，潤膚效果絕佳，是保持柔嫩肌膚的祕密武器。只不過，跟棕櫚油和牛油一樣，可可脂也含有大量的棕櫚酸和硬脂酸，所以在製作液體皂時，用量必須謹慎拿捏。

 TIP　在液體皂裡加入少許的棕櫚油或牛油，可避免液體皂的稠度在盛夏期間「變稀」。

氫氧化鉀是液體皂的基底，它是一種可溶於水的強鹼。

軟油

　　軟油（soft oil）在室溫下通常呈現液態，例如橄欖油、芥花油、大豆油、紅花油、玉米油和花生油皆屬此類。軟油含有豐富的油酸（oleic acid）、亞麻油酸（linoleic acid）和次亞麻油酸（linolenic fatty acid），製出的皂品滋潤性佳，但不易起泡。如要提升軟油皂品的起泡性，可用 10 ～ 20% 的椰子油取代部分軟油。

　　製造液體皂時，要選擇哪一款軟油全憑個人喜好，因為所有的軟油（蓖麻油除外）在澈底皂化時所需要的鹼量都差不多。除了可以從價格和取得的方便性來決定要用哪款軟油製皂外，還可以從美學的角度來挑選，因為油的顏色深淺和氣味濃淡，皆會影響成品的整體狀態。譬如，若用大豆油之類的深色油製皂，成品的顏色會帶有顯眼的琥珀色澤；若用芝麻油這類香氣濃郁的油品製皂，成品的氣味也會呈現出不同的香調。

　　挑選製皂的油品時，還要考量到它的穩定性，或者說氧化性，因為它會影響成品的保存期限。軟油是不飽和脂肪，所以比椰子油或牛油這類飽和脂肪更容易與氧結合，而氧化會導致油脂酸敗。基本上，富含次亞麻油酸的油品穩定性最差，最容易與氧結合發生酸敗（各油品的脂肪酸比例請參照第 19 及 20 頁圖表）。但是單就油品的脂肪酸比例來判定穩定性有點過於片面，因為還有許多其他因素會影響油品的氧化狀態，如加工環境、盛裝容器、儲

存溫度和天然抗氧化劑含量等。因此，比較保險的做法是從氣味
去判斷油品的氧化狀態：若你選用的油品打開後沒有油耗味，那
麼之後你的手工皂成品大多就能存放較長的時間。

常見油脂所含的主要脂肪酸比例

油品種類	各脂肪酸比例
杏仁油 （almond）	69％油酸，17％亞麻油酸，7％硬脂酸
酪梨油 （avocado）	62％油酸，16％亞麻油酸，15％肉豆蔻酸，6％棕櫚酸
巴巴蘇油 （babassu）	44％月桂酸，16％油酸，15％肉豆蔻酸，9％棕櫚酸，3％硬脂酸，2％亞麻油酸
芥花油 （canola）	60％油酸，22％亞麻油酸，10％次亞麻油酸，4％棕櫚酸，2％硬脂酸
蓖麻油 （castor）	87％蓖麻油酸，7％油酸，3％亞麻油酸，2％棕櫚酸，1％硬脂酸
可可脂 （cocoa butter）	38％油酸，35％硬脂酸，24％棕櫚酸，2％亞麻油酸
椰子油 （coconut）	45％月桂酸，20％肉豆蔻酸，7％棕櫚酸，5％硬脂酸，4％油酸

油品種類	各脂肪酸比例
玉米油 （corn）	50％油酸，34％亞麻油酸，10％棕櫚酸，3％硬脂酸
豬油 （lard）	46％油酸，28％棕櫚酸，13％硬脂酸，6％亞麻油酸
橄欖油 （olive）	85％油酸，7％棕櫚酸，5％亞麻油酸，2％硬脂酸
棕櫚油 （palm）	42％油酸，40％棕櫚酸，10％亞麻油酸，5％硬脂酸
棕櫚仁油 （palm kernel）	47％月桂酸，19％油酸，14％肉豆蔻酸，9％棕櫚酸，1％硬脂酸
花生油 （peanut）	56％油酸，26％亞麻油酸，8％棕櫚酸，3％硬脂酸
紅花油 （safflower）	70％亞麻油酸，19％油酸
芝麻油 （sesame）	41％亞麻油酸，39％油酸，9％棕櫚酸，5％硬脂酸
大豆油 （soybean）	51％亞麻油酸，29％油酸，9％棕櫚酸，7％次亞麻油酸
牛油 （tallow）	45％油酸，28％棕櫚酸，25％硬脂酸，2％肉豆蔻酸
小麥胚芽油 （wheat germ）	52％亞麻油酸，28％油酸，4％次亞麻油酸

其他富含油酸的軟油

芥花油、杏仁油、玉米油和花生油都跟橄欖油一樣，是富含油酸的軟油。酪梨油雖然也有豐富的油酸，但由於它同時含有不少無法皂化的物質，會導致液體皂的成品混濁，所以在製作液體皂上屬於需酌量使用。

製造液體皂時，也要避免使用植物性起酥油（vegetable shorte-ning），因為該類油品會透過氫化步驟，將植物油裡原本的不飽和脂肪酸轉化為結構類似的飽和脂肪酸；以不飽和脂肪酸裡的油酸為例，經氫化處理後，它的結構就會轉為屬於飽和脂肪酸的硬脂酸。飽和脂肪酸會形成不易溶解的皂體，使液體皂的成品呈現乳狀。

將椰子油和軟油組合在一起，可混製出最棒的液體皂。

橄欖油

數個世紀以來，橄欖油一直是製皂者最愛的油品。橄欖油的油酸含量高達 85％，除了蓖麻油之外，橄欖油滲透皮膚的能力幾乎是所有植物油中最好的。正因如此，用橄欖油做出來的手工皂成品不僅溫和，也很滋潤，是製作嬰兒洗髮精的最佳基底油。

蓖麻油

蓖麻油是一款自成一格的油品，同時兼具油和酒精的特性。此特性源自它獨有的蓖麻油酸，它的蓖麻油酸含量將近 90％。由於酒精是很好的溶劑，所以兼具酒精特性的蓖麻油在製皂過程中可發揮非常好的溶解力，不僅可加速皂化反應進行的速度，更可以增加透明固體皂和液體皂的清澈度，這一點也說明了為什麼蓖麻油是唯一會出現在透明固體皂裡的軟油。蓖麻油除了可讓皂體的成品晶瑩剔透外，還非常溫和、容易被皮膚吸收，很適合當作潤膚劑或保溼劑使用。

礦化蓖麻油

　　礦化蓖麻油（sulfonated castor oil）又稱「土耳其紅油」（turkey red oil），是蓖麻油和硫酸反應後的產物。此款油最早是應用在紡織上，因為其易溶於水中的特性不只可以讓染劑更能染入羊毛或織物，也可增加布料的光澤度和色彩鮮明度；它之所以還有個「土耳其紅油」的封號，就是用它染棉質紅布，可讓成品的顏色格外鮮紅。

　　製作液體皂時，礦化蓖麻油的水溶性讓它成為最佳的超脂劑（superfatting agent），既可增加液體皂的滋潤度，又可讓皂液保持清澈外觀。礦化蓖麻油可做為無皂洗髮精的基底油（配方請見第四章），且可溶於軟、硬水中。不過，由於礦化蓖麻油無法皂化，所以在製皂時永遠無法取代蓖麻油的角色。

常見油脂的製皂特性

油品種類／製皂特質	杏仁油（almond）	芥花油（canola）	蓖麻油（castor）	椰子油（coconut）	橄欖油（olive）
泡沫特性	柔滑細緻，持久度佳	柔滑細緻，持久度中等	綿密持久	起泡速度快，泡沫體呈氣泡狀，持久度差	柔滑細緻，持久度佳
清潔力	中上	普通	普通	極佳	中上
對皮膚的刺激性	十分溫和	溫和	溫和	會咬皮膚，使肌膚乾澀	十分溫和
液體皂的外觀	清澈	清澈	非常清澈	清澈	清澈
皂化特性	易皂化	易皂化	極易皂化	皂化速度快	易皂化

棕櫚油 （palm）	棕櫚仁油 （palm kernel）	松香 （rosin）	大豆油 （soybean）	牛油 （tallow）
起泡速度慢， 柔滑細緻， 持久度佳	起泡速度慢， 柔滑細緻， 持久度佳	柔滑綿密	柔滑、起泡 多，持久度 中等	起泡速度慢， 柔滑細緻， 持久度佳
佳	極佳	普通	普通	好
十分溫和	會咬皮膚， 使肌膚乾澀	溫和	溫和	十分溫和
非常混濁	清澈	非常清澈	清澈	非常混濁
極易皂化	皂化速度快	皂化速度 極快	易皂化	易皂化

 蠟類

蠟類（waxes）的化學性質幾乎和軟油一模一樣，但是蠟的基本分子結構是由醇類和脂肪酸組成，而非甘油和脂肪酸。在液體皂裡添加少許的蠟類，可增加使用時泡沫的滋潤度。

羊毛脂

羊毛脂（lanolin）由綿羊身上的油脂腺所分泌，具良好的保水性，是絕佳的保溼劑。不過由於羊毛脂含有大量無法皂化的物質，若用量過多反而會使液體皂混濁，所以在製作液體皂時，羊毛脂的比例一定要控制在 1%～ 2%之間。

荷荷芭油

荷荷芭油（jojoba）是來自一種沙漠灌木種子的液體蠟，化學特性與我們油脂腺分泌出的皮脂類似。長久以來，墨西哥人和印第安人都以此油來護髮、潤膚，現代廠商則用它來做防曬乳或乳液，改善皮膚乾燥、細紋和魚尾紋等問題。就跟羊脂油一樣，荷荷芭油也含有無法皂化的物質，所以如果你想要製作出清澈的液體皂成品，請務必酌量使用。

🌿 氫氧化鉀

　　氫氧化鉀（KOH，又稱苛性鉀）的溶解度佳，在製作液體皂時是理想的鹼基。市售的氫氧化鉀，不論是液態或固態，多半是由飽和的氯化鉀溶液電解而來。氫氧化鉀的化學活性比氫氧化鈉（NaOH）高許多，但在皂化等量油脂時，氫氧化鉀的用量需要比氫氧化鈉高 1.4 倍以上。

🌿 溶劑

　　酒精、甘油以及糖都是能幫助製皂者，將皂體外觀由不透明轉為透明的溶劑。這些溶劑可讓皂液中的結晶溶解為較小的分子，懸浮在皂液中，使光線能輕易穿透。

◇━━━◇◇◇◇━━━◇

　　溶劑在液體皂的製作過程中，可發揮非常大的幫助。如果可以在製皂的過程中加入少量的酒精、甘油或糖，或是直接採用「皂糊酒精製法」（alcohol/lye Method，請見第 64 頁）溶解、煮製皂糊，皆可有效提升液體皂成品的光澤度和清澈度。

酒精

　　酒精（alcohol）是溶劑。製作液體皂時，溶劑可以加速皂化的速度，並降低液體的濁點（cloud point，即液體在溫度變化時，會沉澱出不易溶解物質的溫度）。換句話說，如果液體皂的外觀因過多的脂肪酸或礦物質稍顯混濁時，加入少量的酒精往往都可恢復清澈度。不過，需特別注意的是，皂液裡的酒精含量若過高，起泡度也會下降。

酒精、甘油和糖有助降低液體皂的濁點，創造出晶瑩剔透的成品。

添加在液體皂裡的酒精，主要有兩類，分別為乙醇（ethanol）和異丙醇（isopropyl alcohol）。

乙醇

乙醇無色無味，由糖、澱粉或其他碳水化合物發酵而來。Everclear 和 Clear Springs 是酒行裡常見的烈酒品牌，不過在製作液體皂時，若使用一般化工原料行裡販售的桶裝變性酒精（denatured alcohol）可大幅節省成本。變性酒精即俗稱的「工業酒精」，如果你要選用它來製做液體皂，請選購標註 SDA3A 或 SDA3C 的產品，這兩大類變性酒精是美國食品藥物管理局（FDA）認可的化妝品等級原物料。

異丙醇

常用於酒精棉片的異丙醇，也可用來製作液體皂。就溶劑來說，異丙醇溶解皂體的能力略遜乙醇一籌，不過由於鉀皂非常容易溶解，所以這一點在做液體皂上並不是什麼大問題。另一方面，就氣味來說，異丙醇濃烈的酒味可能會影響液體皂成品的香氣表現，不過只要在製皂最後多加一道將酒精澈底揮發的步驟，即可輕鬆排除這個問題。

藥局裡販售的異丙醇濃度通常為 70%（剩餘 30% 為水），但是製造液體皂所需的異丙醇濃度必須高達 90%～99%，所以若你

沒在藥局貨架上找到這麼高濃度的異丙醇，可以詢問藥局可否代訂 99％異丙醇，或是直接到附近的化工原料行購買。

甘油

甘油是皂化反應自然產生的副產物，嚴格來說，它也算是一種酒精。因此，在液體皂的成品中加入甘油，它同樣能像酒精那樣降低皂液的濁點，提升成品的清澈度。除此之外，甘油還具有吸溼功能，能夠抓取空氣中的水分，保持肌膚表面的溼潤度。甘油就跟乙醇和異丙醇一樣，若在皂液裡的濃度過高也會減損起泡性；但若分量拿捏得當，少量甘油反而有助提升泡沫的豐厚度。一般藥局或化工原料行都可購得甘油。

🌿 其他重要材料

　　雖然從最嚴謹的化學角度來看，皂體就是氫氧化物和油脂的結合。然而，還有許多其他因素會影響液體皂的外觀與品質。比方說，用什麼樣的水來調製鹼液或稀釋皂液，用什麼方法增加皂液稠度和保存時間，以及用什麼材料創造出酸鹼值為中性的液體皂等。以下就讓我們逐一來了解這些重要的材料。

糖

　　在液體皂裡添加少量的糖，有助消除皂液的濁度。在用量相等的情況下，糖提升皂液清澈度的效果會比甘油好，不過它缺乏甘油的保溼力。

軟水或蒸餾水

　　硬水裡的礦物質會與脂肪酸反應，形成不易溶解的脂肪酸鹽。這會為液體皂帶來怎樣的影響？混濁，整個液體皂的成品會像使用到含有棕櫚酸和硬脂酸的油品那樣，懸浮著許多不易溶解的皂體，讓液體皂無法呈現清澈的外觀。因此，製作液體皂時，一定要全程使用軟水或是蒸餾水。

松香

百年透明皂品牌「梨牌」（Pears）的製皂配方裡就含有松香。松香是松樹樹脂蒸餾後所留下的殘留物，可像油脂一樣皂化，但不會產生任何甘油副產物。以松香製皂，可賦予成品清澈度，以及猶如冷霜的細緻泡沫。除此之外，松香還具有去汙和防腐的功效。一般市售的松香多為帶有香氣的琥珀色結晶體。

松香可提升液體皂的清澈度和質地，是手工皂材料坊裡的常見原料。

硼砂

印第安人是最早發現硼砂（或硼酸鈉〔borax, or sodium borate〕）具有去汙和軟化水質特性的人，他們注意到，在有硼砂沉積的溪流中洗衣，能將衣物洗得特別乾淨。

對液體皂而言，硼砂是一種非常全能的添加物，因為它具備許多液體皂所需要的特性，可扮演增稠劑、乳化劑、軟水劑、保溼劑、增泡劑、泡沫穩定劑、酸鹼緩衝劑和防腐劑等角色。

浴鹽

Calgon 這個品牌出產的浴鹽產品由多種鹽類混製而成，主要成分為碳酸鈉（sodium carbonate）和六偏磷酸鈉（sodium hexametaphosphate）；特性跟硼砂類似，可以軟化硬水、提升液體皂的起泡性和稠度。請選購「無泡沫」配方的浴鹽，且須注意 Calgon 浴鹽多半染有藍色的染劑，故液體皂成品將呈現藍色。

中和劑

　　本書的製皂配方將氫氧化鉀的用量都設定在略為過量的狀態，這是為了確保在皂化反應結束後，皂液中沒有殘留未皂化的脂肪酸。過量的鹼可以用酸中和，傳統的製皂者都是以硼酸當作酸鹼緩衝劑，一般藥局皆可購得。檸檬酸也是有效的酸鹼中和劑（neutralizers），可在釀酒材料行或化工原料行購得。

　　硼砂的酸鹼值為 pH 9.2，也是一種絕佳的中和劑。假如你在製皂時有使用硼砂作為增稠劑，之後就不需要再加任何中和劑了。

碳酸鉀

　　鉀皂的皂糊非常黏稠，攪拌時會有股在攪拌瀝青漿的錯覺。為了降低攪拌時的吃力感，傳統製皂者通常會加入碳酸鉀（potassium carbonate，又稱珍珠灰〔pearl ash〕）來降低皂糊的濃稠度。珍珠灰是一種鉀鹽，加入鉀皂皂糊後，碳酸鹽分子會自行插入氫氧化鉀的分子之間，讓皂糊的質地變得較為柔韌。基本上，在製作液體皂時，碳酸鉀並非是必備材料，但如果你想要發揮實驗精神，試試看它對製皂的作用。

防腐劑

對液體皂而言，最有效的防腐劑就是讓皂液裡的脂肪酸完全皂化，因為氧化的脂肪酸會促使成品酸敗。氧氣最容易和游離脂肪酸結合，因此若皂液裡的脂肪酸能澈底皂化，就可有效防止游離脂肪酸與氧結合的機會。選用新鮮、無油耗味的軟油也非常重要，因為軟油本身是不飽和脂肪酸組成，比起椰子油和棕櫚油這類由飽和脂肪酸組成的硬油，它們更容易與氧結合、發生氧化。若使用酸敗的油品來製皂，即便皂糊有完全皂化，其成品也會帶有一股油耗味，因為任何煮皂步驟都無法去除油品酸敗產生的油耗味。

液體皂裡的許多添加物，如硼砂、甘油、酒精、松香和檸檬酸等，也具有防腐的效果。除此之外，某些精油，如快樂鼠尾草精油，亦具有防腐功效。

如果你想要在皂液裡添加防腐劑，請選用複合型的生育醇維生素 E（mixed-tocopherol vitamin E）。維生素 E 是由 α -、γ - 和 ω - 生育醇等多種形式的生育醇組成。其中，α - 生育醇雖能有效修復皮膚，但防腐能力不佳。因此，若能添加複合型的生育醇維生素 E，即可囊括各類生育醇的長處，兼顧護膚和防腐的需求。

市場上的另一項防腐新寵是「迷迭香萃取物」。迷迭香萃取物是一款非常優秀的抗氧化劑，在化工原料行即可購得。

維生素 E 是一種抗氧化劑，有助延長自製手工皂的保存期限。

　　許多製皂者也會添加葡萄柚籽油來防腐，但葡萄柚籽油並不具備抗氧化力；它之所以能防腐，完全要歸功於它的抗真菌和抗細菌能力。

殺菌劑

　　液體皂需要添加葡萄籽萃取物或其相關產品來抗菌嗎？許多人都認為有其必要性，但這個假設是就現在主宰市場之合成皂的化學特性而論。化學合成皂的酸鹼值多落在 pH 6 到 7 之間，接近中性，是最適合微生物生長的環境，正因如此，合成皂裡才必須添加大量的抗微生物成分。

　　然而，天然皂並沒有這方面的困擾，因為它本身就擁有不利微生物生長的酸鹼度。細菌通常無法在 pH 9 以上的鹼性環境生存，而澈底皂化的鉀皂，其酸鹼度會落在 pH 9.5 到 10 之間。因此，除非你在製皂過程中加入了過多檸檬酸之類的酸性中和劑，否則完全不必擔心自製的液體皂會有孳生細菌的問題。

利用別具特色的瓶子盛裝自製的液體皂成品！

 酚酞

　　若談到「熱製法」的製皂材料，一定少不了酚酞這個重要的化學物質。酚酞是一種非常奇特的化學物質，應用相當多元，在瀉藥和染劑中皆可發現它的蹤跡。

◇────✖────◇

　　對製皂者而言，酚酞（phenolphthalein）是酸鹼指示劑，可根據其顏色變化判斷皂液的酸鹼度：呈粉紅色或紅色，代表鹼度過高；呈透明無色，則表示脂肪酸過量。許多自製手工皂的人會以酸鹼試紙來判定皂液的酸鹼度，但基本上，這並沒有太大的參考價值。一來是因為酸鹼試紙的顏色變化非常微妙，很難準確判讀出確切的酸鹼度；二來則是因為就算這些試紙可約略判讀出皂液大概的酸鹼度，但對液體皂來說，這些概略值不一定夠用。

　　酚酞不是製作液體皂的必備材料，但如果沒有它，就會很難判斷或修正製皂上遇到的問題。可以在化工原料行買到液狀或粉狀的酚酞，並以酒精稀釋、使用。詳細的酚酞使用方式，請參閱第 38 頁的「如何使用酚酞」。

TIP　在家自製手工皂的人，常會砸下不少錢購買磅秤、溫度計或攪拌器之類的工具，相較之下，一罐酚酞雖然值不了多少錢，卻同樣可以成為你製皂的得力助手。

如何使用酚酞

酚酞酸鹼指示劑的製備方法：準備約 454 公克的乙醇或異丙醇，滴入數滴酚酞；然後加入微量的低濃度氫氧化鉀溶液，直至酒精呈現淡淡的粉紅色，即成。測試皂液酸鹼度時，只需要用到約 28 公克到 57 公克的酚酞酸鹼指示劑。

請在尚未以大量水分稀釋皂糊前，取一湯匙的樣本來判斷皂糊的酸鹼值；因為皂糊經水稀釋後，其鹼和油無法充分反應，判讀後若又發現皂糊的酸鹼值需要修正，操作上會比較麻煩。

檢測步驟如下：取 28 公克的皂糊，溶入 57 公克的熱水中，待皂糊澈底溶於水中後，再將其拌入 28 公克到 57 公克的酚酞指示劑中。如果此皂糊含有過量的鹼，酚酞指示劑的淡粉紅色就會變深（皂糊愈鹼，指示劑的顏色就會變愈深）。由於這本書的製皂配方將氫氧化鉀的用量都設定在略為過量的狀態，所以在檢測時，酚酞指示劑的顏色或多或少呈現粉紅色；此時若再滴入 8 到 12 滴濃度為 20% 的檸檬酸或硼酸溶液，酚酞指示劑的粉紅色應該就會逐漸轉淡，而當它轉為淡粉紅色或無色時，就表示該樣本的酸鹼度趨於中性。萬一在滴入 8 到 12 滴濃度為 20% 的檸檬酸或硼酸溶液後，酚酞指示劑的顏色依舊呈現深粉紅色，則表示需要利用第八章列出的方法來修正皂糊的酸鹼度。

　　相反的，如果你將測試樣本拌入酚酞指示劑後，酚酞指示劑的顏色轉為透明無色，就表示該皂糊含有過量的脂肪酸，但這可不一定會降低液體皂成品的品質。想要確認這些過量的脂肪酸是否會降低成品的品質，可以另外再取 28 公克的皂糊，溶入熱水中，待樣品冷卻後，若其依舊保持清澈外觀，則表示這些過量的脂肪酸並無損液體皂的品質——事實上，它還會增加液體皂的潤膚度。不過，萬一樣本冷卻後，其溶液外觀轉為混濁，則請參閱第八章的方法改善脂肪酸過多的問題。

Note

小叮嚀

如果將酚酞滴入中性皂液，再以自來水稀釋皂液，則皂液的顏色會轉為粉紅色，但這個變色現象並不是鹼量過高所致，而是水解作用（hydrolysis）造成，即：皂分子被水分解為脂肪酸和鹼，游離的鹼與酚酞反應後，才讓皂液呈現粉紅色。

🌿 製皂的基本器具

　　在準備採買製作液體皂的器具前，請務必先看看家裡廚房或工作室有沒有下列這些器具。因為這些器具很可能你本來就有了（或是借得到），根本不必再多花錢採買。你已經自己做過冷製皂了嗎？如果有的話，那麼料理溫度計大概是你唯一需要添購的器具。

電子秤

　　製皂時，最重要（也最貴）的投資就是選購一台精準的磅秤。它的最小單位必須以公克表示，且至少要能秤量約 0.45 公斤的重量。如果想要選購二手的磅秤，也可到二手商店或拍賣網站挖挖寶。

溫度計

　　料理溫度計是製皂時另一項必備的重要器具，其中又以糖果溫度計（candy thermometer）和油炸溫度計（deepfry thermometer）的準確度最佳，它們能測量的溫度上限至少可達攝氏 71 ～ 76 度（華氏 160 ～ 170 度）。絕大多

數的雜貨鋪和廚具店都可以找到它們，請務必選購不
鏽鋼探針的款式。

煮皂鍋

　　容量 7.5 到 11 公升的琺瑯鍋或不鏽鋼鍋都可做為煮
皂鍋。請務必選用琺瑯或不鏽鋼製的鍋具，因為其他金屬
鍋都會被強鹼腐蝕，尤其是鋁鍋。

桶鍋

　　製作熱製皂時，一般製皂商都會以蒸氣鍋煮皂，但在家煮皂
時，隔水加熱即可達到類似的效果。因此你必須準備一只比煮皂
鍋還大的桶鍋，作為隔水加熱的鍋具；由於煮皂鍋的容量 7.5 到
11 公升，所以約 19 公升的桶鍋是比較理想的隔水加熱鍋具。

　　煮皂時，先在 19 公升的桶鍋注入沸
水，再將裝有皂糊的煮皂鍋放入加熱。隔
水加熱不僅可以讓皂糊穩定受熱（皂糊不
會因過熱突沸），也可避免皂糊燒焦。雖
然說 19 公升的桶鍋是比較理想的隔水加
熱鍋具，但基本上，只要可以完全容納煮
皂鍋的鍋具都可做為隔水加熱的鍋具（此
鍋不一定要是琺瑯或不鏽鋼材質，因為它
完全不會接觸到含有強鹼的皂液）。

將煮皂鍋放入桶鍋隔水加熱。

不鏽鋼打蛋器或電動攪拌器

　　如果你是用手動的方式打皂，用不鏽鋼打蛋器打皂會比用湯匙省力，因為前者可以加速油脂與鹼液的乳化，提升皂化的速度。

　　不過現在許多居家製皂者都仰賴電動攪拌器來打皂，如攪拌棒、果汁機或食物調理機等。這類電動攪拌器的機械式攪動，同樣可加速油脂與鹼液的乳化，提升皂化速度。某些配方的皂液在電動攪拌器的攪打下，只要五到十分鐘即可呈現濃稠糊狀，但若是用手動的方式攪打，恐怕就得持續打個三十到六十分鐘才可以達到同樣的濃稠度。電動攪拌器中，又以攪拌棒最為理想，因為它不必將具腐蝕性的皂液裝到其他的容器，事後的清理也省事許多。

金屬製打蛋器、金屬製湯匙或木製湯匙都適合做為打皂工具。

護目鏡和手套

　　尚未充分混合的皂液腐蝕性非常強，操作時請務必全程配戴護目鏡和手套保護雙眼和皮膚。

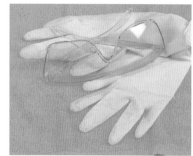

塑膠布和彈力繩

絕大多數的五金行都有販
售塑膠布和彈力繩。

如果要用下一章即將介紹的「皂糊酒精製法」製作液體皂，那麼就需要準備一張塑膠布和兩條彈力繩。塑膠布的大小需比煮皂鍋的鍋口大，因為之後將用它覆住鍋口，並以彈力繩固定，以確保鍋中的酒精不會因揮發流失。

請選購厚實的透明塑膠布，以確保它不會因鍋中蒸氣破裂，並可清楚觀看鍋中皂糊的狀況。基於上述原因，千萬不要以保鮮膜取代塑膠布，五金行和油漆行都可買到這種厚實的塑膠布。

盛裝皂液的瓶罐

製作液體皂時有個好處，就是可以先將做好的皂基冰在冰箱裡無限期保存，等日後有需要時再拿出來稀釋。不過要把這些皂基放在冰箱，首先要有盛裝它們的容器。所以現在就開始在生活中蒐集一些瓶瓶罐罐，或是到二手店選購這些容器。

玻璃瓶和塑膠瓶都是盛裝液
體皂的合適容器。

Chapter 2

製作液體皂的
基本技巧

其實熱製法的製皂步驟非常簡單，
只需要有一點點經驗，
很快就可以對整個流程上手。
更棒的是，只要掌握了熱製法的要領，
往後就可以自己在家做出市面上的所有皂品。

　　自從安・布蘭姆森撰寫了《手工皂：享受手作樂趣》一書後，冷製法已經風行手工皂界數十年。對某些製皂者而言，冷製法的步驟他們早已駕輕就熟，甚至還會開玩笑說：「我就算矇著眼，只用一隻手也做得出來！」

　　相對地，熱製法就是個比較新穎和陌生的製皂法，而這股陌生感產生的不確定性往往會讓人望之卻步。但其實熱製法的製皂法並沒有想像中的難喔！

熱製法

為什麼要用熱製法製皂？因為它受歡迎的兩大優點：好操控和多變化。

◆――――◆◇◆―――――◆

熱製法（hot-process soapmaking）是一種簡單的製皂方法，需要將皂基以相對高的溫度（攝氏 82 ～ 93 度；華氏 180 ～ 200 度）煮二～三小時。提高溫度可確保皂基裡的脂肪酸充分皂化，這點是產出清澈液體皂和透明皂的關鍵。同時，熱製法也是製作浮水皂、霜皂和透明皂等特殊皂品時，至關重要的一環。另外，即便你在熱製法的過程中不小心犯了什麼失誤，那些失誤大多都有辦法再補救回來；這也是為什麼過去幾世紀來，製皂商總是特別鍾情用熱製法大量製皂的原因。

反觀冷製法，其皂基不需要經過高溫煮製，皂基裡的油和鹼液就會以相對低的溫度（攝氏 26 ～ 38 度；華氏 80 ～ 100 度）結合在一起。冷製皂的調配過程中，製皂者只要在油和鹼液拌勻後，將混勻的皂糊入模，並在模具外覆上數條毯子保溫，即可讓整份

皂糊靜置約二十四小時低溫皂化。這段期間，模具裡的皂糊仍會保持在一定的溫度，因為皂糊裡的脂肪酸和鹼液會持續進行皂化反應、產生熱能。

絕大多數居家製皂者都會採用冷製法製作手工皂，但冷製法在操作上有不少限制，成品的變化性也千篇一律。雖然在製作不透明的固體皂方面，冷製法的表現非常突出，但它也就只能做出這種款式的手工皂。舉凡清透的液體皂和皂條，以及霜皂和浮水皂等特殊皂品，皆難以用、甚至是無法用冷製法做出。再者，許多用冷製法製皂的人應該都有這個經驗：一旦皂糊入模，就只能「雙手合十，誠心禱告」，祈禱二十四小時後，打開模具看到的是一塊成形的皂，而非一灘皂化失敗的液體。冷製法就是這樣一門「一次定江山」的製皂方法，只要在製皂過程中配方比例稍有不對，或是溫度沒控制好，成品通常都只能整批倒進垃圾桶。

在此，我會向各位介紹兩種熱製法。這兩種熱製法都是由我在《製作手工透明皂》一書中，首次向大家介紹的製皂技巧衍生而來；這兩種方法都有各自的特色、優點和吸引人的地方。好好了解這兩種方法的相關細節，之後就可以將它們應用在第三章的製皂配方上。第三章的配方會依據你選擇的製皂方法有所調整，因此充分了解這兩種熱製法的特性，將有助你決定該採取哪一種製皂方法。

製作透明液體皂的黃金準則

如果硬要從製作液體皂的眾多注意事項裡，挑出一項最需要再三強調的基本準則，那麼就是：未充分皂化的脂肪酸會導致成品混濁。

氫氧化鈉或是氫氧化鉀這類強鹼溶液倒入油脂中後，脂肪酸就會經由水解作用與甘油分離。水解作用的英文為「hydrolysis」，在希臘文中「hydro」代表「水」，「lysis」則有「解離」之意；由此可知，水解作用是一種分解分子的方式。之後，這些被釋放出的脂肪酸，就會跟鈉或鉀離子產生皂化反應，形成「皂」。製皂的過程中，不論是鹼液量不足、油脂量過多或是皂化皂糊的溫度過低，皆會讓液體皂的成品殘存未充分皂化的脂肪酸。對不追求透明的手工皂來說，這些脂肪酸其實無損成品的實用度，還可以增加泡沫的豐厚度和滋潤度。也因此，許多居家製皂者，甚至會故意用「超脂」的方式增添手工皂的這些特性。

如何做出清透皂體

在製作透明的皂條、液體皂或沐浴露時，過多的脂肪酸可是會帶來大災難，因為這些過量的脂肪酸會讓整個成品呈現混濁的乳狀。如果你曾經試圖用冷製法製作透明皂，那麼結果肯定都不太好，因為不管你多麼精準的測量油脂量和強鹼量，冷製法的低溫都很難讓皂糊裡的脂肪酸充分皂化。

皂化反應是一種產熱的化學反應，且其作用的熱能愈高，反應的速度愈快、愈完整；基於這個原因，提升製皂的熱能，將可讓皂糊裡的脂肪酸更充分的皂化。熱製法就是透過廚房爐火的熱力來增加皂化反應所需的熱能，讓皂糊裡的所有脂肪酸能澈底與鹼液反應。此舉會造就什麼樣的結果？我想你已經猜到了，透過這道製皂技巧，即可得到充分皂化的清透皂體！

熱製法是可以做出清澈皂液的製皂方法。

皂糊熱製法

　　皂糊熱製法（The Paste Method）的操作步驟和冷製法有點類似。首先它也要將強鹼溶液加入溫熱的油脂中，接著將兩者攪拌至均勻、濃稠的皂糊狀。不過，在這個步驟之後，就有別於冷製法，熱製法會將濃稠的皂糊進一步以隔水加熱的方式加熱，直至皂糊裡的脂肪酸充分皂化。

Step 1 準備隔水加熱的鍋具

　　在 19 公升的桶鍋（或任何一只可以容納煮皂鍋的鍋具）裡，注入約 8 到 10 公分高的清水。此即為隔水加熱皂糊時，所要使用的外鍋。若你家的爐具有四個爐子，請將鍋子放在後方的爐上，蓋上鍋蓋，開火煮水。小滾狀態的水最適合煮皂。

Step 2 加入油脂

　　準備製皂用的油脂。首先秤量出所需的油脂量，放入煮皂鍋，然後將煮皂鍋置於爐台上，以中火加熱。若你有使用到硬油或蠟類這類的油品，請先放入煮皂鍋加熱，待融化後，再放入軟油一起加熱。持續加熱至油溫達攝氏 71 度（華氏 160 度）後，即可轉小火，讓油溫保持在這個溫度。

Step 3 準備鹼液

A

B

　　戴上護目鏡和手套，秤量出調配鹼液所需的水量，並將它倒入容量約為 2 公升（或更大容量）的玻璃製、陶製、不鏽鋼製或耐酸鹼塑膠容器中。

★ 秤量所需的氫氧化鉀用量。

★ **將氫氧化鉀加入水中（圖 A），並攪拌至徹底溶解（圖 B）。** 氫氧化鉀溶於水時，會讓液體的溫度立刻升高到攝氏 65 度（華氏 150 度），產生略帶腐蝕性的蒸氣，所以操作時請務必小心，不要吸入這些蒸氣。

★ 如果你想在自製的皂品裡添加碳酸鉀（珍珠灰），此刻就是加入這個成分的時機點。將粉狀的碳酸鹽加入溫熱的鹼液中後，別忘了持續攪拌，以確保碳酸鹽徹底溶解。

請小心使用氫氧化鉀

　　氫氧化鉀的腐蝕性非常強，接觸到人體會產生化學性灼傷。因此，不論你是在秤量氫氧化鉀的粉末、配製鹼液，或是處理酸鹼度尚未調整至中性的皂液時，都一定要配戴護目鏡和手套。

　　請將這些物質保存在密封又不易碎裂的容器裡，且容器外面一定要清楚標明內容物，並放置在孩子和寵物無法觸及的地方。萬一這些物質不小心沾染到皮膚或眼睛，請立即用大量清水沖洗數分鐘。如果沾染到的部位是皮膚，檸檬汁和醋也可以快速中和皮膚上的氫氧化鉀，但千萬別把這個方法套用在眼睛上。萬一不小心誤食，則請立即就醫。

TIP　鉀溶液的溫度會比純鈉溶液低很多，因為其含水量比後者高出五成左右，所以這些額外的水分會「降低」反應產生的熱度。

Step 4 將鹼液加入油脂中

Step 5 攪拌

等鹼液降溫到攝氏 60 度（華氏 140 度）左右，即可**慢慢將它加入溫度為攝氏 71 度（華氏 160 度）的油脂中，期間需不斷攪拌。**要以緩慢、穩定的速度將鹼液滴到油脂中，可以在配製鹼液前先做一些小動作，製作一個小道具。首先，請選用有金屬蓋的 2 公升鍋子作為配製鹼液的容器。接著，在調配鹼液前，先以冰鑽或螺絲起子在金屬蓋上打兩個洞。這兩個洞的位置必須完全相對（若以時鐘來表示方位，這兩個洞應分別打在六點鐘和十二點鐘的位置），且孔洞一大一小。大洞是倒出鹼液的洞口，而小洞則是讓空氣可流入罐內的氣孔。有了這個小道具，之後即可平順的將鹼液滴流至油脂中。

用打蛋器或電動攪拌棒將拌入鹼液的油脂充分拌勻。如果你曾經做過鈉皂，那麼剛開始做鉀皂時，可能會對這個步驟的拿捏有點苦惱。攪拌鈉皂時，會在攪拌的過程中，逐漸感受到鍋中的原料漸漸由稀轉稠，可以大概預測出自己還要攪拌多久才可達到理想的稠度。然而，攪拌鉀皂時，卻很難預測還要攪多久才能達到理想的稠度；因為你可能攪了老半天，鍋中原料都還呈現流動的液狀，但下一瞬間，它卻突然變得超級稠。

製作鉀皂時，請務必把鍋中原料攪拌至超級濃稠的狀態，否則之後可能還會出現鹼液自皂糊分離的狀況。除此之外，愈充分的攪拌，愈能讓鍋中的原料充分皂化。

TIP　如果要用果汁機攪打皂糊，請務必先在煮皂鍋將油脂和鹼液拌勻，千萬不要直接將兩者倒入果汁機攪打，不然一旦果汁機停止運轉，油脂和鹼液很容易就會出現油水分層的狀況。

因此，在感受到鍋中皂液變稠時，千萬不要停止攪拌。接下來不到幾分鐘的時間，這些變稠的皂液就會變成如太妃糖般黏稠的皂糊。液體皂配方裡的椰子油含量愈多，皂糊的黏稠度愈高。相對的，配方中含有大量軟油者，皂糊不會一開始就這麼黏稠，必須另外將皂糊加熱攪拌一小時左右，才有辦法達到如太妃糖般的黏稠質地。這都是因為軟油的溶解度沒有椰子油好的關係。

鍋中皂液何時可以呈現如太妃糖般的黏稠度，取決於三大因素，分別是：皂液溫度、油脂種類，以及攪拌速度。攪拌過程中，請讓皂液全程維持在攝氏 71～76 度（華氏 160～170 度）之間，熱可以加速皂化的速度。另一方面，由於每種油脂的化學結構都有所差異，所以某些油脂的皂化速度也會特別快。以椰子油和蓖麻油為例，它們與鹼液反應的速度就比橄欖油快許多。至於手動攪拌和電動攪拌，兩者攪拌的速度大概就如同烏龜之於兔子一樣。

以下有幾個小技巧可節省攪拌時間：

★ 如果選擇用手動攪拌，用打蛋器攪拌會比用湯匙或抹刀攪拌有效率，因為打蛋可以加速油脂和鹼液乳化的速度。

★ 相較於傳統果汁機或食物調理機，電動攪拌棒在操作上的靈活度比較高，清潔也比較方便，不過這三種工具都可以大幅節省攪拌的時間。如果是用果汁機或食物調理機攪打皂液，攪打時一定要記得把蓋子蓋上，且皂液的體積不要超過調理機容量的一半，因為皂液變稠的過程，體積會略有膨脹，如此才能確保皂液不會打到一半溢出。

★ **前一晚先將溫熱的油脂與鹼液混合，攪拌五～十分鐘**；完畢後，即可用一～兩條毯子將煮皂鍋蓋住保溫，讓鍋內皂液靜置反應整夜。這段期間，鍋中會自行生成少量的皂體，而這些皂體就會發揮「皂種」的功能，降低鹼液和油脂之間的表面張力。隔天，再將整鍋皂液加熱到攝氏 71～76 度（華氏 160～170 度），攪拌至濃稠狀。

還有另一種方式也是運用「皂種」的原理。在完成首批的皂糊後，可以取約 85 公克～ 113 公克未稀釋的中性皂糊，置於玻璃罐或塑膠袋冷藏保存，作為日後製皂的「皂種」。下一次製皂時，就可以將這塊「皂種」拌入油脂和鹼液，讓它澈底溶解於鍋中，縮短攪拌的時間。

有嘗試過這個技巧的人，一定都會對它省時的效果大感驚豔。

★ 在油脂和鹼液中加入幾公克的酒精（乙醇或異丙醇皆可），能夠降低油／水之間的表面張力，加速皂化的速度。

Step 6 加熱皂糊

確認煮皂鍋裡的皂糊已如太妃糖般黏稠後，即可將煮皂鍋放入裝有滾水的外鍋隔水加熱。如果外鍋有鍋蓋，請蓋上它，此舉不僅可以保持鍋中熱度，更可避免廚房裡充滿蒸氣。整個隔水加熱的時間大約需要三小時。

★ 加熱皂糊時，請在加熱五到十分鐘後，將煮皂鍋從外鍋取出，確認一下皂糊是否有油水分離的現象。如果皂糊在加熱前未充分攪拌，此刻鉀溶液就會自皂糊分離。一旦這個情況發生，鍋底就會出現一層水狀的分層。發現這種情況時，請繼續攪拌，沒多久分離出的鹼液就可重新拌入皂糊。待

皂糊重新混勻後，即可再度放入外鍋，繼續加熱，並在五到十分鐘後，再次確認皂糊是否有分層的狀況。若有的話，請重複上述步驟，再次攪拌。

★ 如果皂糊膨脹的話，切勿驚慌。由於鉀皂的皂糊非常黏稠，攪拌初期很容易拌入空氣，所以煮皂時，皂糊裡的空氣就會受熱膨脹，

讓皂糊如舒芙蕾般膨脹。發現皂糊膨脹時，只需要用湯匙或刮刀攪拌一下皂糊，即可讓皂糊裡的空氣逸散。如果沒有透過攪拌的動作讓皂糊裡的空氣逸散，殘存在皂糊裡的空氣其實也會減緩皂化的速度。發現皂糊膨脹後的接

下來半個小時，可能還需要攪拌皂糊一到兩次，裡頭的空氣才會澈底逸散，皂糊膨脹的狀況也才會隨之消退。萬一皂糊在加熱一小時後，還不斷地膨脹，那麼可能就表示皂糊裡的含鹼量過高，請參閱第八章的方法改善。

★ 接下來的三個小時，每二十到三十分鐘就攪拌一次皂糊。這段期間，會注意到皂糊的外觀有所變化。一開始，它會呈混濁的米白色，但加熱約一小時後，它的外觀會漸漸轉為半透明。這是皂糊開始充分皂化的跡象。假如皂糊在加熱兩小時後，遲遲未呈現半透明的狀態，就表示皂糊的含鹼量可能過高了，請參閱第八章的方法改善。

Step 7 檢測皂糊是否含有過量的脂肪酸

隔水加熱皂糊三小時的最後階段，請取 28 公克的皂糊，溶解在 57 公克的蒸餾沸水中，以觀察皂糊是否含有游離脂肪酸。剛溶有皂糊的熱水外觀或許依舊透明，但冷卻後呈現出的狀態，才是評判皂糊是否澈底完備的依據。如果此樣本冷卻後略呈霧狀，就表示皂糊裡含有不易溶解的皂體，不過最終這些皂體都可以透過一些方法消除，詳情請見第 186 頁。

★ 樣本冷卻後若明顯呈現乳狀，就表示該皂糊依舊含有未皂化的游離脂肪酸，需要再加熱和攪拌更長的時間。將煮皂鍋重新放入外鍋，再多隔水加熱一段時間。加熱三十分鐘後，依照上述步驟，重新測試一次皂糊的狀況。如果該皂糊在隔水加熱四小時之後，測試結果依舊沒有變得比較清澈，那麼很有可能一開始在原料的分量上就出了差錯，請參閱第八章的方法改善。要學會分辨皂液的正常性混濁（可利用「分離皂液」這個步驟排除，詳情請見第 62 頁）和永久性混濁，需要一點經驗，但請放心，只要有正確秤量原料的分量，並掌握好煮皂的時間，一般來說，皂液都會在「分離皂液」這個步驟轉為澄清。

TIP　製作液體皂時，請務必使用軟水或蒸餾水。硬水中的礦物質會與脂肪酸結合，破壞液體皂成品的透明度。

Step 8 稀釋皂糊

測試完游離脂肪酸後，就可以開始稀釋皂糊。第 75 頁有一張稀釋出各濃度液體皂的「皂／水比例」參考表。假如不打算馬上稀釋皂糊，或想要預留一份皂糊作為下次製皂的「皂種」，可以先將皂糊舀入塑膠袋，冷藏保存。這種方式可以無限期的保存皂糊，因為冷藏能夠防止皂糊產生酸敗。

★ 把水煮滾後加入皂糊，以打蛋器或湯匙攪散皂糊。富含椰子油的皂糊，比富含軟油的皂糊容易溶解。如果想要調製濃度比較高的皂液，請注意一件事，即，欲調製的皂液濃度愈高，在稀釋過程中，皂糊就愈難溶解。

★ 有兩種方法可以克服這道難題。一為在稀釋皂糊的水中加入幾公克的酒精，幫助皂糊溶解；另一則為先以較多的水溶解掉皂糊，

調配出較低濃度的皂液，再以加熱的方式蒸散掉多餘的水分，得到原本想要的濃度（這個方法必須秤量煮皂鍋在「加熱前、後」的總重，才可計算出鍋中皂液的濃度）。

另外，如果不趕時間，把煮皂鍋蓋上鍋蓋，直接放在小滾的水裡加熱，即可讓皂糊澈底溶解在稀釋皂糊的水分中。依據配方的不同，這段隔水加熱的時間可能會長達一小時或更久，但這個方法非常簡便，而且過程中完全不會產生任何泡沫。

★ 依照打算調配的皂液濃度高低而定，或許需要用比較大的鍋子來稀釋皂糊。舉例來說，用 4536 公克的水稀釋 2268 公克的皂糊，所調配出的液體皂稠度，就跟平常裝填在廁所給皂機裡的液體皂稠度差不多；這樣稀釋完的液體皂總重為 6804 公克，總體積差不多 7.6 公升。所以若稀釋後的液體皂體積比較大，就可以用之前用來隔水加熱的 19 公升桶鍋來稀釋皂糊。由於，此刻皂糊已經充分皂化、呈現中性，不用擔心鹼液腐蝕鍋具，因此，就算鍋具不是不鏽鋼或琺瑯材質也沒有關係。

如何使用碳酸鉀

　　除非用酒精溶解皂糊，否則碳酸鉀是讓鉀皂變得更柔軟且好攪拌的唯一方法。添加碳酸鉀的比例請拿捏在皂糊總重的 2％到 2.5％之間。以本書的製皂配方為例，每一個皂方的皂糊總重差不多都落在 2722 公克左右，所以如果要在本書的配方加珍珠灰，請以 57～71 公克為上限。秤量好的粉末請在配製好鹼液後，就一併溶解在溫熱的鹼液中。

　　碳酸鉀（又稱珍珠灰）呈鹼性，如果要在配方中額外添加這個物質，一定要記得在皂糊裡另外加中和劑──硼酸，中和它所增加的鹼度。原則上，珍珠灰和硼酸相互中和的比例為 20：17（即硼酸的用量為珍珠灰的85％）。因此，若要中和 71 公克的碳酸鹽，就需要 60 公克的硼酸。添加時，先將硼酸粉溶解在 113 公克的熱水裡，再將它加入以水稀釋過的皂糊中。請注意，這部分的硼酸只會中和加入珍珠灰額外增加的鹼度，之後還是需要另外以濃度為 20％的硼酸或檸檬酸溶液中和皂液裡過量的氫氧化鉀。

Step 9 調整皂液的酸鹼度

　　加熱和稀釋完皂糊後，需要在稀釋好的皂液裡加入一些「緩衝劑」，讓皂液的酸鹼度趨於中性；中性皂的酸鹼度為 pH 9.5 到 10 之間。這個步驟一定要做，因為這本書的每一款製皂配方，都將氫氧化鉀的用量設定在略為過量的狀態，以確保所有的游離脂肪酸都可充分皂化。值得一提的是，稀釋皂糊的水其實也會降低皂液整體的鹼度。譬如，若將 113 公克酸鹼值為 pH 10.35 的皂糊以 170 克的水稀釋，屆時稀釋好的 284 公克皂液酸鹼值就會降為 pH 10。

　　不過，要將皂液的酸鹼度調整到中性，光靠水可不夠，還需要有中和劑的輔助。檸檬酸、硼酸和硼砂等物質，都是居家製皂者很好取得的中和劑。在加這些物質到皂液中時，千萬要記得「絕對不要直接

將它們的粉末加入皂液」，因為這會造成局部皂液出現檸檬酸或硼酸濃度過高的情況，而這局部檸檬酸或硼酸濃度過高的皂液，很可能就會因而析出部分皂體，讓原本清澈的皂液產生雪花狀的白色懸浮物。（萬一不幸出現這些雪花狀的懸浮物，只要再將皂液煮沸、攪拌，就可恢復皂液的清澈。）

★ 把中和劑加入皂液前，請先溶於水。欲配製出濃度為 20 % 的酸鹼緩衝劑，請先秤量出 57 公克的檸檬酸或硼酸，再加入 227 公克的沸騰蒸餾水，攪拌至澈底溶解。此硼酸液在冷卻後，會析出硼酸，因此在將它加入皂液前，請重新加熱。

★ 相較於檸檬酸和硼酸，硼砂在中和等量皂液時，用量會比較高，所以在將其粉末配製成酸鹼緩衝劑時，也需要將濃度往上調整到 33 %。欲配製濃度為 33 % 的硼砂液，請先秤量出 85 公克的硼砂，再把它加入 170 公克的沸騰蒸餾水。特別提醒，如果你打算用硼砂當作皂液的增稠劑，那麼就不必再於皂液中添加任何中和劑。

　　欲了解各類中和劑在每 454 公克皂液裡的具體用量，請見第 75 頁。

TIP　將皂糊拌入熱水時，產生的泡沫有時候很煩人。想要輕鬆消除這些討人厭的泡沫嗎？準備一罐裝有異丙醇的噴瓶，對皂液表面的泡沫噴個幾下，馬上就能消除這些惱人的氣泡。不過，注意一定要將這罐噴瓶遠離火源。

Step 10 添加染料和香氛

　　剛稀釋和調整完酸鹼度的皂液，就是添加染料和香氛的最佳時機點。因為香氛很難均勻散布在冷卻的皂液裡，只能像一層油花浮在皂液表面，不過此刻近乎沸點的皂液則有助香氛均勻散布其中。

　　香氛（無論是天然精油或合成香精）可以一次全部加入高溫的皂液，再澈底拌勻。然而，染料可就必須分批的少量添加，因為在清澈的液體裡，稍稍添加一點點染料就很顯色。

　　待皂液冷卻後，會發現精油或香精會讓皂液變得有點混濁。這是因為這些香氛不能完全溶於皂液，所以即便已在皂液最熱的時候充分拌勻它們，也無法避免這種情況發生。一般來說，精油造成的濁度會比香精還高，因為香精在製作時就會刻意添加可降低濁度的溶劑。好消息是，只要讓皂液靜置一陣子，幾天之後皂液的混濁感就會漸漸退散、重返清澈。

　　挑選液體皂的染料時，請選用水溶性或甘油基底的染料。其中，水溶性的染料不論皂液冷、熱，皆可均勻散布在皂液中。

　　如果想要包含防腐劑，最好在皂液尚熱的時候添加，好讓防腐劑均勻散布在皂液中。欲了解防腐劑的具體用量，請見第 77 頁。

Step 11 分離皂液

把冷卻的皂液倒入瓶中，旋緊蓋子，靜置一到兩週。 這個靜置的階段叫作「分離皂液」，其英文「sequestering」是源自拉丁文的「sequestrare」，有「移除、靜置或分離」之意。皂液在添加香氛後產生的混濁感，在這個階段應會漸漸消失。

除此之外，分離皂液這個步驟還可以去除皂液裡不易溶解的脂肪酸皂體，這些皂體會導致皂液輕微混濁（這股輕微的混濁感肉眼幾乎難以察覺，但把皂液靜置一週後，就會發現皂液變得「比較透亮」）。即便調配液體皂的配方不會使用富含硬脂酸和棕櫚酸的油品（這類脂肪酸會形成不易溶解的皂體），但是每種油品一定都或多或少含有這類脂肪酸。譬如，橄欖油就含有 7％棕櫚酸和 2％硬脂酸，椰子油則有 9％棕櫚酸和 2％硬脂酸；雖然比例不高，但已足以讓皂液略呈混濁。在分離皂液這個階段，皂液裡不易溶解的皂體會相互聚集、沉澱，在瓶底形成一層薄薄的乳狀分層。此刻就可以將罐中的澄清皂液輕輕倒出，或是抽取至另一個容器保存。

請務必執行「分離皂液」這個步驟至少一週，以消除皂液的混濁感。

在涼爽的地方是執行「分離皂液」這個動作的最佳地點，如地下室。透明的玻璃罐和塑膠罐則是最好的分離容器，因為它們可以讓你隨時掌握皂液分離的狀況。事實上，製皂商在操作這個步驟時，會直接把皂液整批放進冷藏室靜置數天，然後再以過濾系統濾除皂液沉澱出的不易溶解物質。不過就算居家製皂者無法像工廠那樣用過濾系統濾除皂液裡的所有不溶物質，光是靠靜置皂液這個步驟，也可以讓皂液的透亮度和清澈度顯著提升。

使用分離劑

　　如果在執行了「分離皂液」這個步驟兩週後，皂液依舊混濁，那麼很可能是一開始就把原料的分量秤錯了，或是在「加熱皂糊」這個步驟沒把皂糊澈底煮透。一旦皂液稀釋過後，就很難再用其他的手段補救皂液混濁的問題，但或許還是可以試著加一些分離劑來提升皂液的清澈度。

　　分離劑可以降低溶液的「濁點」（即不易溶解物質聚集、使液體呈現乳狀的溫度）。居家製皂者方便取得的分離劑有：酒精、甘油和糖液。只要在皂液裡添加幾公克這類溶劑，即可改善皂液輕微混濁的狀況。不過，這類溶劑若過量添加，也會減損皂液的起泡力，所以使用上還需好好拿捏其用量。欲了解更多有關分離劑的使用細節，請見第 82 頁。

皂糊酒精製法

市售的鉀皂會利用持續攪拌，以及高溫加熱來充分皂化皂糊裡的所有脂肪酸。對居家製皂者而言，雖然我們也可用這樣的皂糊熱製法在家製作鉀皂，但操作條件上絕不可能做到跟工廠一模一樣，主要是因為當皂糊黏稠如太妃糖時，我們很難攪動它。所幸，這道難題可以靠酒精克服。只要把皂糊溶解在酒精裡，居家製皂者也有辦法做出品質與市售鉀皂相當的液體皂。

皂糊酒精製法是由我在《製作手工透明皂》一書中，首次向大眾介紹的製皂技巧衍生而來，而且相較於皂糊熱製法，這套製皂方法的各方表現都較為優秀，因為它：省力（不需攪拌）、省時（煮皂時間只要兩小時），成品的外觀也比較清澈。如果不想要成品裡有酒精成分，可以另行將裡頭的酒精蒸散掉。

酒精是溶劑。把乙醇或異丙醇加入油脂和鹼液的混合物中，可降低油水之間的表面張力，加速皂化反應進行。只要酒精的添加量夠大，黏稠的皂糊就可以澈底在酒精裡溶解，轉為具流動性的清澈琥珀色皂液。將此皂液加熱至小滾時，其液體因沸騰產生的機械動能即可取代攪拌的動作。

乙醇或異丙醇皆可運用在皂糊酒精製法上。乙醇是一種無味的絕佳溶劑，不過除非是直接跟化工原料行買桶裝的乙醇，否則

用它製皂的成本頗高。相較之下，異丙醇的價格就親民許多，也
很容易取得；缺點是，它具有濃烈的酒味。理想狀態下，製皂用
的異丙醇濃度要在90％以上，低於這個濃度的異丙醇含水量過高，
反而會降低皂化的速度。總之，不管你選哪一款酒精來做皂，都
一定要準備比預定用量稍多一些的分量，這樣一來，若製皂過程
中酒精量因揮發耗損，才可以即時補足。

TIP　在此提醒喜歡自製透明皂條的讀
者：這套不需要攪拌的皂糊酒精
製法，也可以製作出這類皂品。

Step 1 自製透明密封鍋蓋，
　　　　準備隔水加熱的鍋具

　　在秤量油脂和鹼液之前，請先用塑膠布為煮皂鍋做一個「透明的密封鍋蓋」。將塑膠布裁切成兩塊足以覆蓋煮皂鍋鍋口，且可在鍋緣形成約 13 到 15 公分長垂墜的大小。等酒精加入皂糊後，就可用裁切好的塑膠布覆住鍋口，並以彈力繩沿著鍋緣緊緊固定。

★ 在 19 公升的桶鍋裡，注入約 8 到 10 公分高的清水，置於後爐眼煮至小滾，此即為隔水加熱時，所要使用的外鍋。

Step 2 加熱油脂

　　秤量油脂的重量，然後將它們放入煮皂鍋，以中火加熱溶解，並持續加熱至攝氏 71 度（華氏 160 度）。

Step 3 加入鹼液

秤量氫氧化鉀和蒸餾水。在抗鹼容器中，將氫氧化鉀加入水中，攪拌至澈底溶解。接著，**再直接將這個溫熱的鹼液倒入攝氏 71 度（華氏 160 度）的油脂中，攪拌一到兩分鐘。**

Step 4 混入酒精

把酒精直接加入油脂和鹼液中。 一開始，煮皂鍋裡的溶液會分為油、水兩層（仔細看會發現上方的油層呈漩渦狀流動）。攪拌數分鐘，直至鍋中溶液貌似均質，即可停止攪拌，觀察一下油層是否會再次浮現。假如油層又出現的話，再繼續攪拌，直到溶液澈底混勻為止。

使用酒精的安全注意事項

　　酒精是易燃物質，所以在操作上一定要格外注意。在此也特別提醒，皂糊酒精製法不適合用瓦斯爐來操作。

1. 所有的酒精都要遠離明火，加熱工具又以電磁爐優於瓦斯爐。倘若你家的爐台是瓦斯爐，你大概就要用電磁爐來加熱此皂液。使用電磁爐前，請先確認其電源線是否完整，且使用時請直接插入電源插座，不要使用延長線。

2. 確認操作空間空氣流通。

3. 操作場所應備妥滅火器，你手邊也最好放一罐裝滿水的噴瓶。酒精可溶於水，所以若酒精不幸起火，朝火焰底部噴水，可稀釋酒精濃度，達到滅火的效果。

Step 5 密封煮皂鍋

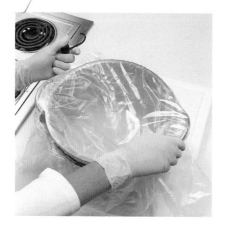

Step 6 秤量煮皂鍋重量

　　待煮皂鍋裡的皂糊均質後，即可取一張塑膠布蓋住鍋口，並以彈力繩沿著鍋緣緊緊固定（封得愈緊，酒精就揮發得愈少）。固定時請務必小心，不要讓彈力繩的掛鉤刺穿塑膠布。

★ 固定好塑膠布後，輕拉布緣，讓鍋口的塑膠布盡可能如鼓面般緊繃平滑，僅鍋緣帶有些許縐褶。

★ 完成後，再取第二張塑膠布和第二條彈力繩，重複上述步驟密封煮皂鍋。

　　煮皂糊前，請先秤量煮皂鍋的總重。包括塑膠布和彈力繩重量的總量，就是煮皂前的基準重量。接下來兩小時的煮皂時間，你需要時不時將煮皂鍋移離爐台，秤量總重的變化，以監控酒精的揮發量。

TIP　在處理任何具腐蝕性的物質，或加熱皂糊前，都務必先戴上護目鏡和手套保護自己。

Step 7 隔水加熱皂糊

　　透過塑膠布觀察皂糊的狀況，通常不用幾分鐘的時間，皂糊就會沸騰。待沸騰後，即可將火力轉小，讓皂液以小滾的狀態持續煮兩小時。一定要讓皂液呈現「小滾」的狀態，因為大滾會加速酒精揮發的速度。

　　加熱後產生的蒸氣和揮發的酒精，都會使塑膠布鼓脹，在鍋面形成氣球般的隆起。這個畫面看起來或許會有點嚇人，但因為塑膠布的厚度夠厚，所以完全不必擔心布面會因此破裂。倒是要注意鍋側的塑膠布「垂墜」是否夠長，因為膨脹的布面會將部分的垂墜往上拉，一不小心可能就會讓塑膠布脫離彈力繩的固定，導致酒精逸散。必要的話，可以稍微拉整一下鍋側垂墜的塑膠布，將鍋口的塑膠布重新拉緊。

Step 8 秤量煮皂鍋重量

　　加熱二十到三十分鐘後，將煮皂鍋自外鍋取出，秤量煮皂鍋總重。將新秤得的重量減去加熱前秤得的重量，即可知道酒精的揮發量。請注意，即便計算後發現這段期間揮發掉了幾公克的酒精，但只要鍋中的溶液還呈現液狀，就不需要再添加酒精。如果發現鍋中的溶液表面出現啤酒沫般的泡沫，就需要趕緊為它補足揮發的酒精，因為這表示鍋中的溶液正準備變回糊狀。舉例來說，如果煮皂鍋加熱後的總重少了 227 公克，就打開塑膠布，補入 227 公克的酒精；如果少了 397 公克，就補入 397 公克的酒精。

★ 煮皂的這兩小時，請每半小時就重新秤量一次煮皂鍋的總重。假如塑膠布封得夠緊，皂液也一直維持在小滾的狀態，說不定完全都不需要再添加任何酒精。

Step 9　檢測皂液是否含有過量的脂肪酸

皂液在持續加熱兩小時後，應該充分皂化。檢測此皂液是否含有過量脂肪酸的方法，就跟在「皂糊熱製法」看到的方法一樣：**用幾公克的水稀釋幾公克的皂液，然後讓該液冷卻**。如果該液冷卻後，不只呈現輕微的混濁，就必須繼續加熱。萬一加熱三小時後，皂液還是非常混濁，請見第八章尋求改善方法。

打造無酒精皂糊

如果你想要的話，可以讓酒精繼續留存在你的液體皂裡。酒精不僅可以增加成品的清澈度和透亮度，還可以降低精油所造成的混濁（因為酒精是很好的溶劑）。

不過，如果你比較偏好無酒精的液體皂，那麼就可以在皂液於冷水中完成清澈度測試後，執行去除酒精的動作。首先，把煮皂鍋上的塑膠布移除，但不要將煮皂鍋從外鍋取出；接著以大火將外鍋的水煮滾，讓煮皂鍋內的酒精快速揮發。隨著皂液中的酒精愈變愈少，皂液的質地也會變得愈來愈稠，且開始冒泡。持續煮至鍋中皂液變成糊狀，之後就可以依照「皂糊熱製法」的稀釋步驟，以水將皂糊稀釋成你想要的濃度。

Step 10 稀釋皂液

水煮滾後，把它加入皂糊。（欲了解稀釋出各濃度液體皂的「皂／水比例」，請見第 75 頁的表格。）相較皂糊熱製法，皂糊酒精製法還有一項優點，就是它的皂液可以馬上溶於熱水中，而且一定不會產生任何需要多花力氣攪散的結塊皂糊。切記，稀釋此類皂糊的水量會比皂糊少，因為酒精本身就帶有水分，故稀釋的水量需扣除酒精量。舉例來說，假如配方裡有 454 公克的酒精，在稀釋皂液時，就要少加 454 公克的水。

如果將皂液先冷卻，鍋中的皂液就會固化，變成清透的皂糊。此刻就可以將它包裝起來，冷藏保存，以供日後使用。由於酒精的溶解力佳，所以一把酒精為基底的皂糊加入沸水，很快就會溶解。

想要做出最棒的液體皂，請一定要用蒸餾水或軟水製皂。

Step 11 調整皂液的酸鹼度

利用硼砂液、檸檬酸液或硼酸液來調整皂液的酸鹼度。欲配製濃度為 20％的酸鹼緩衝劑，請先秤量出 57 公克的檸檬酸或硼酸，再把它們加入 227 公克的沸騰蒸餾水，攪拌至澈底溶解。此硼酸液在冷卻後，會析出硼酸，因此在你要將它加入皂液前，請重新加熱。如果你偏好用硼砂液來調整酸鹼度，詳細配製方法可參照第 60 頁。

Step 12 添加染料和香氛

　　將染料和香氛加入溫熱的皂液中。請記住，千萬不要用油性的染料，因為它會讓皂液混濁。趁皂液還熱時，防腐劑也應該在此刻添加（欲了解防腐劑的具體添加量，請見第77頁）。充分攪拌，使所有添加物均勻散布。

Step 13 分離皂液

　　跟「皂糊熱製法」的分離方法相同：將這款酒精為基底的皂液倒入瓶中，旋緊蓋子，靜置一到兩週，待精油和香精造成的混濁消散，並沉澱出皂液裡不易溶解的皂體，即完成。

TIP　不論是用「皂糊熱製法」或「皂糊酒精製法」製作液體皂，一旦皂液完成「分離」這個步驟，你就可以隨時使用它了！

🌿 液體皂的稀釋原則

　　前面的內容主要是要讓大家概觀的了解製作液體皂的兩種基本方法。因此，此刻你心中一定還對製皂的細節有許多懸而未解的疑惑。比方說，將皂液調整到中性，到底要用到多少硼酸？如果要讓皂液呈現超脂狀態，又需要加入多少公克的磺化蓖麻油？還有，何謂濃度 20％的皂液呢？

　　接下來的資訊就會一一解答這些疑惑，且本書的所有皂方都適用這些原則。

稀釋比例

　　對製皂商而言，所謂的液體皂濃度，即：液體皂裡含有多少百分比的「真皂」。至於「真皂」的重量該如何計算呢？把配方裡的油脂和氫氧化鉀粉末重量加總，所得到的總重即為該皂方的真皂重量。切記，真皂的重量只涵蓋這兩者，皂方裡的水和任何添加物的重量都不可計入。鉀皂的皂糊配方裡，使用到的水量大概會占整份配方總重的 35％到 40％左右；也就是說，皂糊剩餘 60％到 65％的重量即為所謂的「真皂」。

　　以本書的配方為例，本書所有配方的皂糊總重大約都是 2722 公克。假如你想要一口氣將這 2722 公克的皂糊全部調配為濃度

20％的皂液，參照第 75 頁的表格，就會發現要調配出此濃度的皂液，需在每 454 公克皂糊裡混入 908 公克的水；換句話說，2722 公克的皂糊就需要混入 5443 公克的水，才可得到總重為 8165 公克的 20％皂液。

液體皂的濃度為什麼落在 15％到 40％這個區間最好，是有原因的。一方面是，液體皂的濃度低於 15％時，就會因濃度太低，無法有效起泡；另一方面則是，液體皂的濃度愈高，皂品愈容易因凝結重返糊狀。由於椰子油的溶解度佳，所以若是只含椰子油的皂糊，最高可調配成濃度 40％的液體皂（即 40％為真皂，60％為水），且成品依舊保持良好的流動度；而軟油製成的液體皂，則差不多在 20％到 25％的濃度就會開始出現結塊的狀況。因此，假如你的配方同時含有椰子油和軟油，則該液體皂的成品最佳濃度大概就會落在 25％到 35％這段區間。

如果是用「皂糊酒精製法」製作液體皂，且沒有做去除酒精的動作，那麼稀釋皂液時，千萬要記得將稀釋的水量扣除酒精的重量；否則，最終調配出的液體皂濃度一定會比預期的低。本書所有的配方都需要用到 567 公克的酒精，除非是已經在兩小時的煮皂過程中蒸散掉了幾公克的酒精，不然稀釋時請都將總水量減去 567 公克的酒精重量。

為了調配出最佳狀態的液體皂，有時候還需要在濃度上做點微調。好比說，如果稀釋好的液體皂表層出現一層黏稠的分層，則該分層愈黏稠，就表示需要再用愈多水去稀釋。然而，假如不想因為分層的問題犧牲了液體皂的濃度，也是可以透過硼砂來解決這個問題。只要在每公克稀釋過的液體皂裡加入 2 湯匙濃度為

33％的硼砂液，即可乳化液體皂裡的皂體，避免皂液出現分層。
欲了解更多利用硼砂乳化和增稠液體皂的訊息，請見第 78 頁。

稀釋出各濃度液體皂的「皂／水」比例

液體皂濃度（即真皂所占%）	每 454 公克皂糊所需水量
15%	1360 公克
20%	908 公克
25%	624 公克
30%	454 公克
35%	340 公克
40%	255 公克

各類添加劑的使用方式

　　即便是同一種皂基，但佐以不同添加劑調配，即可讓該皂基的成品變幻出千變萬化的面貌，這正是製作液體皂的一大樂趣。在此特別針對製作液體皂時會用到的幾類添加劑做個別的說明，不過請注意，除了中和劑外，這些添加物其實都沒有非加不可，添加與否全憑個人喜好。

◇—◇◇◇◇—◇

中和劑

　　要把每 454 公克皂糊的酸鹼值調整成中性，大約需要 21 公克（或 1 又 1/2 湯匙）濃度為 20％的硼酸液或檸檬酸液，或 21 公克濃度為 33％的硼砂液。（上述溶液的配製方法請見第 60 及 71 頁。）本書所有配方的皂糊總重大約都是 2722 公克，所以大約需要用到 128 公克（或 9 湯匙）的硼酸液、檸檬酸液或硼砂液。

　　硼砂呈弱鹼性（pH 9.2），並非酸性物質；它之所以可以做為酸鹼緩衝劑，是因為它的 pH 值比皂液低（pH 9.5 到 10）。也正因為硼砂不是酸性物質，所以不論皂液冷、熱它皆可輕易溶入，且加入皂液後，也不必擔心它會造成皂液霧化。還有一點請務必謹記在心：假如你已用硼砂做為增稠劑，就不用再添加任何中和劑。

這些根據本書配方所估算的中和劑用量，都只是個約略值，因為製作液體皂所使用的油品種類、加熱時間、稀釋比例和其他操作上的差異，皆會影響到液體皂成品的 pH 值。故在調整皂液酸鹼度時，若想確實拿捏中和劑的用量，酚酞絕對是最佳的小幫手。酚酞的詳細使用方式請見第 38 頁。

防腐劑

用新鮮、無油耗味的油品做為原料，並充分皂化的液體皂，照理說完全沒有添加防腐劑的必要。不過，如果你覺得添加一點防腐劑能讓你在保存上比較安心的話，建議可以在皂液裡加入少許的迷迭香萃取物或複合型的生育醇維生素 E。用量為每 454 公克皂糊加 1 茶匙，於皂液稀釋後，溫度尚熱時拌入，方可使其均勻散布。

超脂劑

磺化蓖麻油是唯一適合添加在液體皂裡的超脂劑。磺化蓖麻油跟油一樣具有潤膚作用，卻完全溶於水；其他油品雖然也具有潤膚效果，但其釋放的游離脂肪酸都會導致皂液混濁。

若想要以磺化蓖麻油為稀釋過後的皂液「超脂」，則磺化蓖麻油的用量約為皂液總重的 1%。舉例來說，若要超脂的皂液有 5443 公克，即可算出超脂這批皂液 54.4 公克（約 4 湯匙）的磺化蓖麻油。

增稠劑

身為消費者，我們大多習慣使用質地濃稠、厚實的液體皂。不過，你知道嗎？液體皂本身其實並沒有這麼濃稠，這股厚實感主要都是靠界面活性劑、纖維素衍生物（cellulose derivatives）、鹿角菜膠（carrageenan）等其他添加物營造出來的。市售的液體皂一般只含 20％的真皂，其餘 80％則全都是水。在這樣的濃度下，如果業者沒有另行添加增稠劑，皂液通常會非常水。即便皂液的濃稠度並不會影響到它的清潔力，但不可否認，大部分的人還是比較喜歡質地較厚實的液體皂。

硼砂：添加硼砂是增加皂液黏稠度的方法之一

硼砂是製作液體皂的「神隊友」，不僅可以增進皂液泡沫的豐厚度和穩定度、軟化硬水、緩衝酸鹼值，並發揮防腐功效；其良好的乳化力和增稠力更可以調配出濃度較高的液體皂成品。

每種皂基因成分差異，其皂液出現凝固現象的濃度也會有所不同。皂液凝固的第一個徵兆就是液體表面出現一層黏稠的「外殼」。至此之後，這層黏稠的皂液就會一路向下蔓延，讓整罐皂液漸漸固化。以橄欖油等軟油製成的液體皂，在真皂濃度為 20％到 25％左右，就會出現凝固現象；椰子油液體皂出現分層的濃度就比橄欖油等軟油高很多，其皂液的真皂濃度最高大約可達40％。居家製皂者若想要克服這個問題，可以在每 454 公克稀釋過的皂液裡加入 2 到 3 湯匙的 33％硼砂液。硼砂的良好乳化力能

讓皂液整體的狀態更為均質，如此一來就可避免皂液表面形成濃稠的「外殼」。不信的話，現在就可以用不同濃度的皂液做實驗，比較看看添加硼砂後，它們外觀上出現的變化。

硼砂也是黏度調整劑（viscosity modifier），又稱增稠劑。就化學結構來看，硼酸鈉和氫氧分子形成交聯（cross-links）後，就會讓皂液的質地變得比較濃稠。值得一提的是，把硼砂添加在軟油含量高的液體皂裡，能非常明顯的看出它的增稠效果，所以這也讓硼砂成為製作沐浴露的理想添加劑（請見第五章）。不過，如果把硼砂添加在椰子油含量高的液體皂裡，就幾乎看不太出來它的增稠效果，因為椰子油本身非常溶於水。故硼砂雖有助乳化椰子油含量高的液體皂，讓其皂液更為均質、不易凝固，但卻無法讓這類皂液的質地變稠。

硼砂做為增稠劑的另一項限制是，它要在濃度比較高的皂液裡才能發揮最佳效果。也就是說，皂液原本的質地愈稀、濃度愈低，硼砂對其黏度的影響就愈小。

想要用硼砂增稠富含軟油的皂液，你要先秤量出 113 公克的硼砂，將它溶解在約 227 公克的沸水裡，配製出濃度為 33% 的硼砂液。接著，再將硼砂液加入稀釋過的皂液，用量為每 454 公克皂液加 14 到 28 公克硼砂液。一開始請先加 14 公克硼砂液就好，待測試過皂液黏度的變化後，再依個人喜好，決定是否繼續添加另外 14 公克。一般而言，硼砂加得愈多，皂液就會愈稠，但是一旦硼砂的添加量超過了某個臨界點，皂液反而會開始因硼砂變得混濁。會有這個狀況是因為過量的硼砂不僅會降低皂液的 pH 值，還會提升濁點的溫度；如果你的皂液有添加香氛，這個狀況更是

會格外明顯。假如要使用硼砂做為增稠劑，最好在皂液冷卻後添加，因為冷卻皂液的黏度變化會比溫熱者明顯。

另外，不論是要把硼砂當作乳化劑或增稠劑，都請在完成「分離皂液」這個步驟後再添加，除非你稀釋完皂液後，就非常滿意它的清澈度，否則加入硼砂後，皂液中的不易溶解皂體就無法透過「分離皂液」沉澱出來。如果皂液在完成分離步驟後，液面出現一層分層，請將它移出，以微波爐或隔水加熱融化後，重新拌入完成分離步驟的清澈皂液，最後再加入硼砂。

Calgon 浴鹽

它的使用方法大致上跟硼砂差不多，但需特別注意的是，以它製成的皂液都將帶有它的色彩和香味。

膠類（gums）和海藻萃取物（seaweed extract）

可以增加皂液稠度。其他天然添加劑還有，鹿角菜膠和纖維素衍生物。這些天然萃取物大部分都是在 pH 值偏低的溶液裡增稠效果最好，對 pH 值高的皂液則沒那麼好的增稠效果。另外，這些天然增稠劑往往還會含有一些物質，會導致液體皂輕微混濁；唯一例外的，就只有純化的三仙膠（xanthan gum）。如果想要試試看鹿角菜膠等其他膠類的增稠效果，可以將它們加在稀釋後的皂液裡，用量為皂液總重的 1%。添加這類增稠劑時，千萬要先將它們與數公克的甘油混在一起，待它們成「漿狀」後，再加入皂液，否則直接加入會產生結塊。

其他增稠皂液的方法

真正的鉀皂並不會像市售的液體皂那樣濃稠。事實上，許多初次自製鉀皂的人甚至會被鉀皂的實際稠度嚇一大跳，因為沒有想到它原本竟然這麼稀。

前面有提到，硼砂對某些鉀皂的增稠效果並不好，但其實只要稍加調整第五章製作沐浴露的技巧，還是可以用煮皂的方式來增加這類鉀皂的稠度。首先，在每 454 公克的皂糊裡加入 57 公克酒精和 113 公克甘油；接著再以中火加熱皂糊、酒精和甘油，直至皂糊溶解（加熱過程中，酒精會揮發，可能需要再補入 28 到 57 公克酒精）。此刻拌入 170 公克的水，攪拌均勻後，舀一小匙皂液放入碗中測試黏度，測試過程中，請將該碗以保鮮膜密封，以防止酒精在冷卻過程中揮發。

等碗中的皂液冷卻後，即可窺見這批皂液的稠度是否符合你的喜好。如果你覺得太稠，可以再添加幾公克的水到這批皂液裡，然後以相同的方式重新測試一次稠度；如果覺得太稀，則可持續滾煮這批皂液，並每隔幾分鐘就測試一下它的稠度，直到皂液呈現出你滿意的稠度為止。

分離劑

若稀釋後的皂液因脂肪酸過量或精油輕微混濁，通常可以藉由酒精、甘油和糖液改善，但用量最好不要超過皂液總重的 5%。舉例來說，如果你有 4536 公克略呈混濁的皂液，則你最多可混入 227 公克（即 4536x0.05=227）的分離劑（sequestering agents）。「5%」只是一個概略的比例；添加時，請先少量添加，再視狀況慢慢加量。分離劑的添加量並非不可超過 5%，但別忘了，分離劑若過量添加，也會減損皂液的起泡力。

另外，可以在酒精、甘油或糖液擇一添加，也可以將它們組合在一起加入（或許將三者以 1：1：1 的比例混合是不錯的選擇）。將 680 公克的糖加入 454 公克的沸水中，煮至澈底溶解，即可調製出分離效果佳的糖液。

添加任何分離劑前，記得先把皂液重新加熱。萬一沒做這個動作，直接將分離劑加入冷卻的皂液，那麼大概要等至少一天的時間，才可看出皂液的清澈度有無改變。相反的，把分離劑加入溫熱的皂液，馬上就可看出它對皂液的影響。不過，等個幾天靜待分離劑對皂液作用也不是件壞事，因為隨著分離劑的持續作用，也可觀察到皂液的外觀慢慢轉為清澈的過程。

Note
小叮嚀

甘油除了可做為分離劑，同時也是絕佳的潤膚劑、保溼劑和起泡劑。想要增加液體皂的潤膚度和溫和性，可在每 454 公克稀釋過的液體液裡，添加 28 到 57 公克的甘油。

香草

　　如果你跟許多自製手工皂者一樣，對香草情有獨鍾，那麼你第一次做液體皂的時候，大概就會想要用香草泡製的香草水來稀釋皂液。比方說，你可能會想：薰衣草的護髮效果奇佳，所以用薰衣草水來當洗髮精的基底不是再好不過了嗎？沒錯，對低 pH 值的合成洗髮精來說，薰衣草水的確是絕佳的洗髮精基底。但是對 pH 值較高的液體皂而言，香草水可就無法與之和平共處了；一旦將它們混入皂液，皂液的外觀大多都會轉褐、變濁。如果希望成品具備香草的氣味和功效，請選用香草精油，這些精油特別能增進洗髮精的品質。

Chapter 3

液體皂配方

目前，市面上販售的皂品種類五花八門。
但是，如果在自家廚房裡就可以做出全天然的皂品，
為什麼還要花錢去買那些化學合成皂呢？
本章的內容將介紹幾款入門的液體皂配方，
同時也會傳授你該如何從無到有設計出一套皂方的相關細節。

「將山羊脂混入大量的雲杉灰裡，充分拌勻」這是約兩千年前，古羅馬學者老普林尼（Pliny）在《自然史》（*Historiae Naturalis*）一書中，第一份用文字記錄下的鉀皂「配方」。不過在更久遠的年代，條頓人（Teutons）並沒有將這種由山羊脂和雲杉灰的膏體當作清潔用品，而是把它當作護髮、「定型」頭髮和染髮的美髮用品。一直到西元 200 年左右，古羅馬人才發現這種膏體具有清潔力。

🌿 液體皂初登場

早年的製皂者會在鉀皂的皂基裡添加食鹽，將它製成固態的鈉皂。由於鈉皂在保存和運輸上都比較方便，所以在一九三〇年代液體皂初次登場前，市面上一直都只買得到固體鈉皂。

然而，早期出現在市面上的液體皂都是為工業市場或特定機構所調配，而非主打家用市場。直到一九七〇年代，Softsoap 這個品牌才推出首款針對個人和居家清潔設計的液體皂。這些被盛裝在精美按壓式給皂瓶裡的液體皂，成功的讓 Softsoap 這個品牌在一夕之間炒熱了液體皂的市場，美國各地的製皂大廠也因此紛紛投入爭奪這塊大餅的行列。

時至今日，市面上除了「布朗博士」（Dr. Bronner's）這個品

牌生產的液體皂是貨真價實的天然皂外，其他諸如 Softsoap 等品牌出產的液體皂，大多屬於化學合成皂。就大量生產的觀點來看，合成皂確實有不少優點，像是：保存期限較長、原料質地較一致，以及產品在極端溫度下的穩定性比較高。

回歸自然簡單

　　隨著環保意識的覺醒，現在大部分居家製皂者開始偏好用比較傳統的方法製皂，並盡可能選用簡樸、純淨的原料，將人工合成添加物的用量減到最低。「古早」的鉀皂正是符合上述條件的不二選擇：它們以平價的植物油做為主原料，只少量、甚至完全不用防腐劑，在製作上的限制也比較少，能讓操作者擁有更多嘗試和發揮創意的空間。

適當調配各類油脂的用量，可確保液體皂的成品既滋潤，又有良好的起泡性。

🌿 調配專屬的個人皂方

　　製皂是一門藝術，亦是一門科學。舉凡鹼液的計算、原料和溫度的測量、煮皂時間的拿捏，以及補救失誤的方法等等，皆需仰賴科學的嚴格把關；至於油脂與添加物的混製比例，以及染料和香氛的用量拿捏，則取決於個人的喜好。

混製油脂

　　將各類油脂以適當的比例調配在一塊兒，是製作液體皂最重要的一門藝術。就這個方面來看，鉀皂的操作難度確實比鈉皂簡單一些，因為液體皂配方裡會出現的油脂種類幾乎就只有椰子油和軟油。椰子油是所有液體皂的骨幹，通常用量會占油脂總量的 70％到 90％左右。椰子油能產生大量的泡沫，且在鹽水和硬水中也能發揮效用。只不過，若是只用椰子油來製作液體皂，成品會比較容易讓使用者的皮膚感到乾澀，所以多數情況下，液體皂配方都至少會用 10％的軟油來「降低」椰子油的用量。添加軟油的液體皂洗起來會比較溫和滋

潤，不過相對的，若你只用軟油來製作液體皂，成品就會非常不容易起泡，所以為了彌補軟油這方面的缺陷，製皂者至少會在軟油裡添加10％的椰子油，藉此強化成品的起泡力。

許多軟油都可以用來製作液體皂，欲了解各種軟油的製皂特性，請參閱第一章的內容，以及第24頁的「常見油脂的製皂特性」一表，它們能助你找出最符合你需求的油品。

在製作講求清澈剔透的皂品時，請審慎使用棕櫚油和牛油這類的硬油。因為這類油脂裡的棕櫚酸和硬脂酸會形成不易溶解的皂體，使皂液呈現「乳狀」的外觀。第19頁的「常見油脂所含的主要脂肪酸比例」一表，可以幫助你挑選棕櫚酸和硬脂酸含量較低的油脂。羊毛脂和荷荷芭油也會導致皂液混濁，但原因並不是因為它們會形成不易溶解的皂體，而是因為它們嚴格來說算是「蠟類」，所以本身就含有相當大量的不可皂化物質。如果想在配方裡添加這類易使皂液混濁的油脂或蠟類，請先少量添加，用量請控制在油脂總量的3％到5％左右。不過，假如不講究成品的清澈度，倒是可以不需要特別在意這類油脂的用量。

萬無一失的懶人混油技巧

在這裡跟各位介紹一種簡便、省時的混油技巧。譬如說，如果希望製作一款含有椰子油、蓖麻油和荷荷芭油的液體皂，那麼就先將這三種油脂各秤出454公克，然後再將它們與各自相對應的鹼液混合在一起。待三組混合物都攪拌至濃稠狀後，把它們分別裝入三只容量為0.95公升的梅森罐，然後將這三只梅森罐隔水加熱。加熱到三罐皂糊都充分皂化後，即可用相同的水量個別稀釋它們。此刻，就可以隨心所欲的用各種比例來混合這三種油製成的皂液，調配出你最喜歡的液體皂成品。在嘗試各種混製比例時，也千萬別忘了同步記錄下你對每種比例組合的心得感想喔！

計算鹼液用量

每一種油脂在充分皂化時，所需要的氫氧化鈉或氫氧化鉀用量都不同，而這個用量所對應出的數值就是每一種油脂的「皂化價」（saponification value）。「皂化價」的數值表示每 454 公克油脂充分皂化時需要用到多少百分比的氫氧化物，為方便大家查詢，我在第 92 頁列了一張表格，裡頭有各種常見油脂和蠟類的氫氧化物用量百分比。計算的時候，請先逐一將要使用的油品重量以公克為單位，然後再將該數值乘以充分皂化該油脂所需的氫氧化鉀百分比。最後再把算出的所有數值加總起來，就是你這款皂方所需要的氫氧化鉀總量。

舉例來說，如果你想要用 908 公克椰子油、454 公克芥花油和 227 公克的蓖麻油來製作液體皂，則計算整份皂方所需的氫氧化鉀用量算式如下：

- 椰子油：908 x 0.266 = 242 公克的氫氧化鉀
- 芥花油：454 x 0.192 = 87 公克的氫氧化鉀
- 蓖麻油：227 x 0.179 = 41 公克的氫氧化鉀

之後將三者的氫氧化鉀用量加總起來 242 ＋ 87 ＋ 41，即這份皂方總共需要 370 公克的氫氧化鉀。

然而，為了確保皂液中的脂肪酸能夠充分皂化，務必要將鹼的用量稍微調高。以本書的配方為例，我將每份皂方的鹼用量都調高了 10％ 左右。所以如果你計算出此份皂方總共需要使用 370

公克的氫氧化鉀，請再將 370 x 0.1 = 37（若算出來有小數點可四捨五入），則這 37 公克就是確保該皂方脂肪酸充分皂化，要多加的氫氧化鉀的用量。

氫氧化鉀溶液的含水量一般會比氫氧化鈉溶液多 50％左右，因此在計算溶解氫氧化鉀粉末的水量時，請將氫氧化鉀的重量乘以 3 這個數值，所得到的數值即為溶解氫氧化鉀所需的總水量。例如，倘若你要將 370 + 37 公克的氫氧化鉀溶成鹼液，你大概就需要約 1221 公克的水量（407×3 ＝ 1221）。

算到這裡，現在就知道，如果想要用 908 公克椰子油、454 公克芥花油和 227 公克的蓖麻油來製作液體皂，整份液體皂的配方會是什麼模樣：

- 椰子油：908 公克
- 芥花油：454 公克
- 蓖麻油：227 公克
- 氫氧化鉀：407 公克
- 軟水或蒸餾水：1221 公克

最後，請別忘了，在完成這份皂糊後（含有 10％的過量鹼），要把皂糊的酸鹼值調整成中性，每 454 公克皂糊大約需要 1 又 1/2 湯匙濃度為 20％的硼酸液或檸檬酸液，或 1 又 1/2 湯匙濃度為 33％的硼砂液。當然，這個用量只是個粗估值，要確保成品的酸鹼度確實調整至中性，還是需要酚酞（Phenolphthalein）的幫忙（酚酞的詳細使用方式請見第 38 頁）。

常見油脂和蠟類皂化所需的強鹼用量

油脂／蠟類名稱	氫氧化鈉用量（%）	氫氧化鉀用量（%）
甜杏仁油（Sweet Almond oil）	13.7	19.2
酪梨油（Avocado oil）	13.4	18.7
巴巴蘇油（Babassu oil）	17.6	24.6
芥花油（Canola oil）	13.7	19.2
蓖麻油（Castor oil）	12.8	17.9
可可脂（Cocoa butter）	13.8	19.3
椰子油（Coconut oil）	19	26.6
玉米油（Corn oil）	13.7	19.2
大麻籽油（Hemp oil）	13.7	19.2
荷荷芭油（Jojoba oil）	7	9.8
豬油（Lard）	13.9	19.5
羊毛脂（Lanolin）	7.6	10.6

油脂／蠟類名稱	氫氧化鈉用量（%）	氫氧化鉀用量（%）
橄欖油（Olive）	13.6	19
棕櫚油（Palm）	14.2	19.9
棕櫚仁油（Palm kernel）	15.7	22
花生油（Peanut）	13.7	19.2
松香（Rosin）	13	18.2
紅花油（Safflower）	13.7	19.2
芝麻油（Sesame）	13.4	18.7
乳油木果脂（Shea butter）	12	18
大豆油（Soybean）	13.6	19
牛油（Tallow）	14.1	19.6
小麥胚芽油（Wheat germ）	13.2	18.5

 入門款液體皂配方

　　利用第二章介紹的液體皂製法，再搭配以下幾款入門款液體皂配方，你就可以做出一些洗手或沐浴用的基礎皂品。入門款皂方的成品都相當「簡樸」，如果你還想要進一步增加成品的潤膚度、起泡力或其他相關細節，則可以參閱第 107 頁的內容，看看有哪些添加物可以滿足你的需求，或者也可以自由發揮想像力為它們畫龍點睛！

　　這些皂方絕大多數都會用到橄欖油、杏仁油、芥花油、紅花油或大豆油之類的軟油。在此先將本章所有皂方的兩大操作準則列出：

❶ 如果你是**使用「皂糊酒精製法」來製作此章的液體皂**，請在油脂和鹼液的混合物裡加入 567 公克的乙醇或異丙醇。

❷ 為了使此章**成品呈現中性**，請添加 128 公克濃度為 20% 的硼酸液或檸檬酸液，或 128 公克濃度為 33% 的硼砂液。

小叮嚀

如果你已經用硼砂來乳化或增稠皂液，就不必再額外添加任何中和劑了。

100% 椰子油液體皂

這款液體皂的起泡力非常好，在硬水和鹽水中也能發揮良好的清潔力，但不適合乾性肌膚者使用。

油
椰子油 ⋯ 1360 公克

鹼液
氫氧化鉀 ⋯ 397 公克
軟水或蒸餾水 ⋯ 1190 公克

溫和版椰子油液體皂

這是另一款高起泡力的液體皂，不過因為它有添加一些軟油，所以洗起來的感覺會比較溫和。

油
椰子油 ⋯ 992 公克
任一軟油 ⋯ 368 公克

鹼液
氫氧化鉀 ⋯ 368 公克
軟水或蒸餾水 ⋯ 1105 公克

柔膚版椰子油液體皂

相較前面兩款椰子油皂，此款椰子油皂的起泡力雖屬中等，但產生的泡沫卻細緻豐厚。

油
椰子油 ⋯ 652 公克
任一軟油 ⋯ 708 公克

鹼液
氫氧化鉀 ⋯ 340 公克
軟水或蒸餾水 ⋯ 1020 公克

豐盈泡沫松香液體皂

是一款擁有美麗琥珀色澤的液體皂，且泡沫豐厚滋潤。

| 油 |

椰子油 … 850 公克
任一軟油 … 255 公克
松香 … 198 公克

| 鹼液 |

氫氧化鉀 … 340 公克
軟水或蒸餾水 … 1020 公克

超溫和潤膚液體皂

雖然此款液體皂的起泡力不像前面幾款那麼高，但是它洗起來非常溫和、潤膚。

| 油 |

椰子油 … 284 公克
任一軟油 … 1105 公克

| 鹼液 |

氫氧化鉀 … 312 公克
軟水或蒸餾水 … 935 公克

豐盈泡沫冷霜液體皂

蓖麻油讓此款液體皂的泡沫如冷霜般豐厚、滋潤，非常適合乾性肌膚者使用。

| 油 |

椰子油 … 992 公克
蓖麻油 … 312 公克
棕櫚油或牛油 … 85 公克

| 鹼液 |

氫氧化鉀 … 368 公克
軟水或蒸餾水 … 1105 公克

棕櫚油液體皂

棕櫚油有助提升液體皂的「厚實度」，雖然相較於軟油和椰子油調製的液體皂，清澈度較差，但仍瑕不掩瑜。

| 油 |

椰子油 ⋯ 510 公克
任一軟油 ⋯ 624 公克
棕櫚油或牛油 ⋯ 142 公克

| 鹼液 |

氫氧化鉀 ⋯ 312 公克
軟水或蒸餾水 ⋯ 935 公克

蓖荷潤膚液體皂

這款富含軟油、蓖麻油和荷荷芭油的液體皂，洗起來十分溫和，且蓖麻油的溶劑特性，也可降低荷荷芭油對皂液清澈度的影響，讓皂液更顯清澈。

| 油 |

椰子油 ⋯ 680 公克
任一軟油 ⋯ 284 公克
蓖麻油 ⋯ 284 公克
荷荷芭油 ⋯ 85 公克

| 鹼液 |

氫氧化鉀 ⋯ 312 公克
軟水或蒸餾水 ⋯ 935 公克

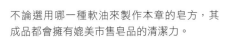

不論選用哪一種軟油來製作本章的皂方，其成品都會擁有媲美市售皂品的清潔力。

荷荷芭油潤膚液體皂

這是一款非常溫和、潤膚的液體皂。不過,因為荷荷芭油含有一些不可皂化的物質,所以此款液體皂的清澈度,或許會比其他皂方略遜一籌。

| 油 | 鹼液 |

椰子油 ⋯ 454 公克
任一軟油 ⋯ 822 公克
荷荷芭油 ⋯ 85 公克

氫氧化鉀 ⋯ 312 公克
軟水或蒸餾水 ⋯ 935 公克

羊毛脂液體皂

羊毛脂的化學結構跟我們皮膚分泌的天然潤膚物質很相似,但就跟荷荷芭油一樣,它含有許多不可皂化的物質,且容易在成皂表面形成一層薄膜。如果你介意這層薄膜的話,可在分離皂液時將它撈除,否則只要在使用前稍微搖晃一下皂液,此薄膜就會重新融入皂液。

| 油 | 鹼液 |

椰子油 ⋯ 454 公克
任一軟油 ⋯ 822 公克
羊毛脂 ⋯ 85 公克

氫氧化鉀 ⋯ 312 公克
軟水或蒸餾水 ⋯ 935 公克

蓖麻油松香液體皂

兩百多年前,首次問世的透明皂條,就是用蓖麻油和松香製成。
現在我們用這兩種成分來製做液體皂,它們同樣可賦予成品晶瑩
剔透的外觀。

油
椰子油 … 1105 公克
蓖麻油 … 170 公克
松香 … 113 公克

鹼液
氫氧化鉀 … 368 公克
軟水或蒸餾水 … 1105 公克

TIP 如果你是用「皂糊酒精製法」來製作本章的皂方,記得在製作過程中加入適量的乙醇或異丙醇。詳情請見第 73 頁。

如果你是乾性肌膚,可在皂方裡添加一些羊毛脂或荷荷芭油之類成分。

Chapter 4

優質天然洗髮精

在本章特別列出了有助提升洗髮精品質的添加物，
可用它們來增加成品的清潔力、護髮力、保溼力和洗後光澤度。
除此之外，就跟其他液體皂一樣，若有需要，
你也可以用染料和香氛來妝點成品的外觀和氣味。

　　就整個人類歷史來看，人們使用液狀洗髮精的時間還沒有很長，而在洗髮精問世之前，大眾最好的洗髮用品就是固體皂條。市面上首次出現液狀洗髮精的時間是一九三〇年代，至此之後，洗髮乳等其他質地的洗髮用品也陸續問世。今日市面上販售的「真皂」洗髮精，成分比例大多為：25％椰子油、少量橄欖油、15％酒精，以及50％的水和甘油。現在，你也可以將各種油品以不同的比例混搭，輕鬆創造出各式各樣的洗髮精。

 洗髮精跟一般液體皂有何不同？

　　基本上，洗髮精就是一種比較精緻的液體皂，兩者的皂方亦可自由交互使用。不過，嚴格來看，洗髮精的皂方會比一般皂方更講究一些細節，因為洗髮精除了要具備清潔力，還要同時具備護髮力。老實說，這兩種能力在作用原理上完全相反，因為，清潔力是要「去除」積累在頭髮上的物質，但護髮力卻是要讓添加物「留存」在頭髮上。

清潔與護髮

　　頭皮上每一個毛囊的皮脂腺都會分泌油性物質，這些油性物質就是所謂的「皮脂」，而隨著這些皮脂在頭髮上堆積，頭髮也會「變髒」。因此，洗髮精要有效洗淨頭髮的首要任務，就是要能夠滲透這層包覆在頭髮上的皮脂。這一點可以利用富含短鏈脂肪酸的油脂辦到；因為這些小分子消除油／水介面的速度會比長

鏈脂肪酸這類分子（如硬脂酸）快很多。最值得一提的短鏈脂肪酸就是月桂酸，它是椰子油裡的主要脂肪酸。

在洗髮精裡加入護髮成分，可降低其他造型程序對頭髮的傷害，尤其是在漂髮和染髮方面。護髮成分可以分為三大類，分別為：保溼劑（humectants）、順髮劑（finishing agents）和乳化劑。保溼劑可抓住空氣中的水氣，讓水氣蓄留在頭髮上；市售洗髮精通常都用甘油、丙二醇（propylene glycol）、山梨糖醇（sorbitol）和尿素（urea）來做為保溼劑。順髮劑則有祕魯香脂（balsam peru）和肉豆蔻酸異丙酯（isopropyl myristate），它們可以在頭髮表面形成一層薄膜，讓頭髮看起來「柔順又充滿光澤」。乳化劑應該要具備不黏手和搓揉時不會殘留手上的特性；它們不僅能讓皂液裡的成分均質，更能降油／水介面的表面張力、提升洗髮精滲透皮脂的穿透力。酒精、羊毛脂、鯨蠟油（spermaceti）、甘油、礦物油和香氛都是常見的乳化劑。

人類的毛髮大約有 80％都是由角蛋白（keratin）構成，所以市面上許多洗髮精或護髮產品都有添加角蛋白或其他富含蛋白質的成分，如啤酒和蛋。儘管製造商宣稱，這些添加物能有效修補乾裂或受損毛髮流失的蛋白質，但美國醫學協會（American Medical Association）表示，目前研究上可支持這番理論的證據甚少。不過就算這些成分真的可以發揮護髮的效果，其運作原理大概也跟其他護髮成分差不多，是藉由在毛髮表面形成一層保護膜達到護髮的效果。

要讓一件產品兼具清潔和護髮的功能雖然貌似不可能的任務,但是你確實可以輕鬆打造出兼備兩者的洗髮精。

人類毛髮上的蛋白質組成和羊毛非常相似,故早期學者的羊毛研究,對我們了解人類毛髮的結構和特性有很大的幫助。

如何運用油脂和添加劑

　　即便現在大眾已可輕易取得市售皂品裡的各種化學添加物，但是絕大多數會自己在家裡製皂的人，還是會比較偏好純淨、天然的原料。下頁所列出的各式添加物，都可提升自製洗髮精的品質，但是千萬別讓自己的創意被侷限在這個文字裡，畢竟任何一件工藝品的呈現，都需要歷經一番冒險和實驗，說不定你也可自行摸索出一套最符合你需求的添加物和使用劑量。

COLUMN

優秀的洗髮精添加物

　　這裡只是針對洗髮精的部分，簡要摘錄出一些優秀的添加物，
添加物的詳細使用方法請見第 76 頁。

❶ **硼砂**：是絕佳的乳化劑、清潔劑、泡沫穩定劑和增稠劑。另
　　外，雖有研究主張長期使用含硼砂的洗髮精會導致頭髮乾澀，
　　但也有研究認為硼砂具有潤髮效果。想知道到底哪一派的理
　　論為真，最好的辦法大概就是親自試試了。

❷ **蓖麻油**：一流的清潔劑和護髮保溼劑。

❸ **精油**：據說薰衣草、迷迭香和快樂鼠尾草等草本的精油，都
　　具有護髮和刺激頭髮生長的功效。

❹ **甘油**：優秀的護髮保溼劑，只要在每 454 公克洗髮精裡添加
　　28 到 57 公克的甘油，即可讓頭髮擁有動人光采。

❺ **橄欖油**：雖然本書的所有皂方都告訴讀者可以任選一款軟油
　　入皂，但是如果可以的話，在製作洗髮精時請特別選用橄欖
　　油。因為橄欖油本身的分子結構，可讓洗髮精洗起來既溫和又
　　滋潤。甜杏仁油也具備這些特性。

❻ **磺化蓖麻油**：可做為超脂劑，每
　　454 公克洗髮精裡添加 2 到 3 茶匙
　　的磺化蓖麻油，即可在無損洗髮精
　　清澈度的情況下，增加洗髮精的豐
　　厚度和滋潤度。

🌿 洗髮精配方

　　這裡囊括了多款洗髮精的配方，且所有配方的都可依照第二章的方法一步一步製作。如果你屬於乾性髮質，請選擇椰子油含量低，富含軟油、蓖麻油、羊毛脂、荷荷芭油和可可脂的配方。添加甘油和（或）磺化蓖麻油，也可以增加洗髮精的滋潤度和護髮力。

　　你當然可以自行調配專最適合你髮況的洗髮精。油性髮質者適合在配方裡多加些椰子油，少加一些軟油。

　　除非配方中有特別指示其他的操作方法，否則以下所有配方都是依照第二章的方法來混製和加熱，且絕大部分的配方都會用到諸如橄欖油、杏仁油、芥花油、紅花油或大豆油之類的軟油。在此先將本章所有配方的兩大操作準則列出：

❶ 如果你是使用「皂糊酒精製法」來製作此章的洗髮精，請在油脂和鹼液的混合物裡加入 567 公克的乙醇或異丙醇。

不論是洗髮精或其他液體皂，皆可用相同的染料調配出專屬你的色彩。

❷ 為了使此章成品呈現中性，請添加 128 公克濃度為 20％的硼酸液或檸檬酸液，或 128 公克濃度為 33％的硼砂液。

Note
┌─────────────────────────────
│ 小叮嚀
├─────────────────────────────
│ 如果你已經用硼砂來乳化或增稠皂液，就不必再額外添加任何中和劑。
└─────────────────────────────

基本款洗髮精

這款製作簡便的洗髮精不僅起泡度高，其適中的軟油含量也讓它洗起來不會過於乾澀。

| 油 |

椰子油 ⋯ 1049 公克
任一軟油 ⋯ 312 公克

| 鹼液 |

氫氧化鉀 ⋯ 368 公克
軟水或蒸餾水 ⋯ 1105 公克

蓖椰洗髮精

蓖麻油可同時兼顧洗髮精護髮、滋潤和清潔的需求。

| 油 |

椰子油 ⋯ 1105 公克
蓖麻油 ⋯ 227 公克

| 鹼液 |

氫氧化鉀 ⋯ 368 公克
軟水或蒸餾水 ⋯ 1105 公克

荷荷芭油護髮洗髮精

荷荷芭油就跟羊毛脂一樣，具備護髮、潤澤的功效。再搭配上蓖麻油，更是讓這款洗髮精的護髮能力大大升級。

| 油 |
椰子油 … 1049 公克
蓖麻油 … 255 公克
荷荷芭油 … 113 公克

| 鹼液 |
氫氧化鉀 … 368 公克
軟水或蒸餾水 … 1105 公克

維生素 E 健髮洗髮精

這是一款富含維生素 E 又滋潤頭髮的洗髮精。

| 油 |
椰子油 … 1190 公克
小麥胚芽油 … 85 公克
荷荷芭油 … 85 公克

| 鹼液 |
氫氧化鉀 … 368 公克
軟水或蒸餾水 … 1105 公克

溫和洗髮精

使用大量的軟油和松香是造就這款超溫和洗髮精的關鍵。

| 油 |
椰子油 … 708 公克
任一軟油 … 340 公克
蓖麻油 … 170 公克
松香 … 142 公克

| 鹼液 |
氫氧化鉀 … 340 公克
軟水或蒸餾水 … 1020 公克

絲滑洗髮精

羊毛脂的結構幾乎跟我們頭髮上的油脂一模一樣，具有修護和滋養頭髮功效。

油
椰子油 ⋯ 907 公克
任一軟油 ⋯ 340 公克
羊毛脂 ⋯ 85 公克

鹼液
氫氧化鉀 ⋯ 340 公克
軟水或蒸餾水 ⋯ 1020 公克

深層修復洗髮精

松香賦予此款洗髮精冷霜般的濃厚質地。

油
椰子油 ⋯ 1049 公克
任一軟油 ⋯ 142 公克
松香 ⋯ 142 公克

鹼液
氫氧化鉀 ⋯ 368 公克
軟水或蒸餾水 ⋯ 1105 公克

天使光環洗髮精

這款洗髮精富含維生素 E 和護髮成分。小麥胚芽油的天然色彩，讓成品呈現出更美麗的琥珀色澤。

油
椰子油 ⋯ 964 公克
小麥胚芽油 ⋯ 284 公克
蓖麻油 ⋯ 170 公克

鹼液
氫氧化鉀 ⋯ 368 公克
軟水或蒸餾水 ⋯ 1105 公克

特潤洗髮精

此款洗髮精特別適合乾性髮質或有頭皮屑困擾的人使用，因為它的椰子油含量相對較低，且富含蓖麻油。

| 油 |
| 椰子油 ⋯ 680 公克
| 任一軟油 ⋯ 368 公克
| 蓖麻油 ⋯ 312 公克
| 羊毛脂 ⋯ 57 公克

| 鹼液 |
| 氫氧化鉀 ⋯ 340 公克
| 軟水或蒸餾水 ⋯ 1020 公克

夏威夷人祖傳洗髮精

夏威夷人長久以來都用可可脂來護髮，因為可可脂的滋潤效果非常棒。

| 油 |
| 椰子油 ⋯ 992 公克
| 任一軟油 ⋯ 312 公克
| 可可脂 ⋯ 57 公克

| 鹼液 |
| 氫氧化鉀 ⋯ 368 公克
| 軟水或蒸餾水 ⋯ 1105 公克

TIP　因為松香的熔點比其他油脂高，所以請先將松香置於 284 公克椰子油加熱，待其澈底溶解後，再加入配方中的其他油脂。

🌿 嬰兒洗髮精

　　醫院使用的「傳統」嬰兒洗髮精成分，除了橄欖油和氫氧化鉀外，就沒有其他成分了。橄欖油有 90% 都是由油酸組成，該脂肪酸非常溫和。因此，對寶寶細嫩的皮膚來說，能產生溫和細緻泡沫的橄欖油，就是製作寶寶洗髮精的最佳基底油。

卡斯提亞洗髮精

卡斯提亞（Castile）是西班牙的一個地名，該地以出產 100% 純橄欖油皂品聞名。此款洗髮精同樣以 100% 的橄欖油製成，是洗起來最溫和的液體皂，相當適合寶寶使用。當然，這款洗髮精也適用其他偏好溫和洗髮精的族群！

油
橄欖油 … 1360 公克

鹼液
氫氧化鉀 … 284 公克
軟水或蒸餾水 … 850 公克

TIP　如果想要讓洗髮精洗起來更溫和，可以在「卡斯提亞洗髮精」和「泡泡洗髮精」的配方裡，額外添加 113 到 170 公克的甘油和 3 到 4 湯匙的磺化蓖麻油。

泡泡洗髮精

只用橄欖油製成的洗髮精雖然溫和，卻有起泡性不佳的缺點。想要彌補這部分，可以用椰子油取代 10％的橄欖油用量，如此一來，成品就能夠擁有較好的起泡性，同時保有溫和的洗淨力。

| 油 |

橄欖油 … 1162 公克
椰子油 … 142 公克

| 鹼液 |

氫氧化鉀 … 284 公克
軟水或蒸餾水 … 850 公克

無皂洗髮精

一開始，你會覺得用沒有泡沫的油來清潔頭髮有點奇怪，但是使用過後，就會驚喜的發現，磺化蓖麻油還真是一款好用的洗髮精。將所有的材料混在一起，攪拌半分鐘左右充分混合。由於磺化蓖麻油本身的溶解力很強，所以製作這款洗髮精的時候完全不必加熱。最後再加入你喜歡的香氛賦香，即可把它當成普通的洗髮精使用。

| 油 |

磺化蓖麻油 … 1 杯
甘油 … 1 湯匙
礦物油或嬰兒油 … 1 湯匙
你喜歡的香氛 … 適量

自製的全天然嬰兒洗髮精可以讓你放心與寶寶同樂。

狗狗洗毛精

　　俗話說得好，動物與人之間應同等對待，所以你家的寵物也應該跟你一樣洗個清清爽爽的澡。此章的所有洗髮精配方都適用你家狗狗的毛髮。不過，如果你家的狗狗有特殊的皮膚問題，如異位性皮膚炎，那麼「卡斯提亞洗髮精」或椰子油含量比較低的配方，或許會比較適合牠們使用。除此之外，添加甘油和磺化蓖麻油這類成分，也可增加洗毛精的滋潤度。。

驅蚤精油

　　除了希望洗毛精能溫和洗淨狗狗身上的髒汙外，所有飼主最在意的部分大概是跳蚤的問題。這方面其實可以藉助精油的幫忙，因為許多精油的氣味其實都具有驅蟲的效果，添加在洗毛精裡可以當作天然的驅蚤劑。舉凡香茅、胡椒薄荷、薰衣草、迷迭香、茶樹、雪松、玫瑰天竺葵、丁香、尤加利樹、唇萼薄荷、快樂鼠尾

萃取自植物的精油很適合添加在液體皂裡。

草和松木等植物製成的精油，都具有驅蚤的功效。只要將這些精油添加到本章任一款的洗髮精配方裡（每 454 克洗髮精添加 2 茶匙左右，可視個人喜好調整用量），即可為你家的毛孩子做出一款具驅蚤效果的洗毛精。或者，你也可以直接參考以下專為毛孩子設計的洗毛精配方，它們同樣具有驅蚤效果。

Note

> **小叮嚀**
>
> 精油「不是」殺蟲劑，只具有驅蟲功效。

清新配方

丁香精油 … 1 份
胡椒薄荷精油 … 1 份
檸檬精油 … 1 份

草本驅蚤配方

尤加利樹精油 … 2 份
薰衣草精油 … 1 份
天竺葵精油 … 2 份
雪松精油 … 1 份

把這些驅蟲精油混入狗狗洗毛精，可有效預防跳蚤、壁蝨和其他害蟲找上狗狗。

薄荷香茅特調

唇萼薄荷精油 ⋯ 5 份
香茅精油 ⋯ 3 份

森林系配方

松木精油 ⋯ 2 份
迷迭香精油 ⋯ 1 份
茶樹精油 ⋯ 1 份
柑橘精油 ⋯ 6 份

清綠配方

快樂鼠尾草精油 ⋯ 1 份
胡椒薄荷精油 ⋯ 2 份
尤加利樹精油 ⋯ 1/2 份

茶樹薄香配方

茶樹精油 ⋯ 1 份
香茅精油 ⋯ 1 份
胡椒薄荷精油 ⋯ 3 份

無敵踏青配方

薰衣草精油 ⋯ 1 份
雪松精油 ⋯ 2 份
丁香精油 ⋯ 1 又 1/2 份

清檸驅蚤配方

檸檬精油 ⋯ 3 份
香茅精油 ⋯ 1 份
迷迭香精油 ⋯ 1 份

Chapter 5

頂級沐浴露

本章將說明，
在製作這類美好但難以拿捏分寸的沐浴露時，
可以用什麼簡單的方法化解
「皂／水比例」的拿捏及製作上的難題。

　　把外觀呈膠體的沐浴露放到顯微鏡底下觀察，會發現這個膠體結構是由許多細絲般的鏈狀皂分子構築而成；而這個膠體之所以會這麼「有彈性」，也是這些絲狀皂分子的功勞。

　　膠體的質地既非固態、也非液態，而是介於液態和半固態之間的微妙境界，所以假如想要營造出這樣質地的沐浴露，就需要在「皂／水比例」的拿捏上多花點心思。水分一不小心加得稍微多一點，膠體就會轉為液態；而水分若加得略少，則膠體就會返回糊狀。膠體的流動性同樣很容易受溫度產生變化。高溫會使膠體變稀；低溫則會使其凝固。好險，對各位居家製皂者而言，這些都不是什麼大問題。

🌿 製作沐浴露的步驟

　　製作沐浴露的時候，請先依照「皂糊熱製法」的前七個步驟（第 51 到 57 頁）處理皂液，然後再依這裡所介紹的步驟繼續操作。千萬不要用「皂糊酒精製法」製作沐浴露，因為大量的酒精會讓膠體無法成形。

Step 1 添加溶劑和中和劑

　　加熱皂糊三小時後，將煮皂鍋從外鍋移出，然後直接將它置於爐台上，以中火加熱。加入酒精和甘油，用量為每 454 公克皂糊加 28 到 43 公克酒精和 113 公克甘油。因此若以整批皂糊有 2722 公克重來計算，就需要 170 到 255 公克酒精和 680 公克甘油。在這個階段，還要添加中和劑（硼砂、檸檬酸或硼酸），用量為每 2722 公克皂糊加 4 湯匙中和劑。如果有要用硼砂來做為乳化劑或增稠劑，這時候就不必再添加任何中和劑。

製作沐浴露時，請先遵循「皂糊熱製法」完成基礎的皂糊。

Step 2 加熱皂液

　　將皂糊、酒精和甘油拌勻，加熱至皂糊澈底溶解。如果酒精在加熱過程中揮發太多，皂糊有可能會溶解不了；在這種情況下，就必須另外補充幾公克的酒精。待鍋中所有的皂塊都溶解後，將蒸餾水加入鍋中，用量為每 454 公克皂糊加 170 公克蒸餾水（2722 公克重的皂糊就需要 1020 公克蒸餾水）。接著，秤量煮皂鍋總重，秤量後，將煮皂鍋重新放回爐台直接加熱。一開始鍋中的溶液會非常稀，攪拌時液面還會產生大量的氣泡。不過等水分和酒精開始蒸發後，溶液就會慢慢變稠，液面產生的氣泡也會變得比較細緻。加熱至液面出現如乳霜般綿密細緻的泡沫時，即可關火。

Step 3 添加水分

　　重新秤量煮皂鍋的重量。當鍋中溶液產生如乳霜般綿密細緻的泡沫時，鍋中的水和酒精大約已被蒸發 340 到 454 公克左右，欲觀察鍋中溶液的狀況，可以稍微將液面的泡沫撥到一旁。此刻，鍋中溶液的外觀和質地都會出現明顯的變化：在未攪動溶液的情況下，液面會形成一層薄薄的凝結層；攪動後，則會發現溶液的質地變得如凝膠般略帶 Q 彈，不再像加熱前那麼的液狀。

Step 4 測試黏度

　　將煮皂鍋移離爐台，然後準備一個倒置的玻璃罐，從鍋中舀一茶匙樣本（不要舀到泡沫），放入玻璃罐瓶底的凹槽，測試黏度。樣本放入瓶底凹槽後，立刻以保鮮膜密封，防止樣本的液體在冷卻過程中有所揮發。想要加快樣本冷卻的速度，可以把玻璃罐放到冷凍庫裡冰鎮幾分鐘。

　　如果樣本冷卻後，還是呈非常水狀，請將煮皂鍋重新放回爐台加熱，待皂液又蒸發 57 到 85 公克的水分後，再以相同的方式測試一次溶液的黏度。當然，每一個人心目中的「理想」沐浴露狀態都會略有差異。有些人或許偏好稍微濃稠的質地，有些人則是偏好適中的膠體質地（其真皂濃度約在 45% 到 50%）。

發揮創意，用染料讓沐浴露變化出萬種風情吧！

Step 5 添加染料和香氛

　　將皂液加熱到理想的稠度後,舀除液面的泡沫(這些綿密的泡沫可以另行稀釋,做為液體皂的基底),然後立刻加入染料和香氛,並裝瓶冷卻。如果沒有先裝瓶,讓沐浴露逕自在鍋中冷卻,液面將會形成一層厚厚的分層,而且這個分層之後還無法重新混入溶液。添加少量的硼砂除了有助溶液的乳化,也可避免分層的發生;用量為每 454 公克沐浴露添加 14 公克濃度為 33％的硼砂液。

無甘油和酒精的沐浴露製法

由於硼砂能對以軟油為基底的皂品發揮非常好的增稠力，所以對富含軟油的沐浴露而言，硼砂絕對是賦予成品膠體質地的神隊友。

如果不想添加任何酒精或甘油，將皂糊放入足量的沸水裡加熱也可以讓皂糊溶解成液狀（每 454 公克皂糊約需 454 到 908 公克沸水）。在把皂糊放入沸水的同時，請同步在水裡加入 28 到 85 公克硼砂。硼砂的添加總量全憑你對理想稠度的喜好而定，這方面就只能靠自己慢慢拿捏了。如果你覺得一開始添加的硼砂量不夠，加熱皂液的時候，隨時都可以再補一些硼砂進去，甚至，也可以等皂液冷卻後再視情況補加硼砂（如果你要在煮皂期間多補些硼砂，請先用少許熱水溶解硼砂，再將其加入鍋中）。

待皂糊和硼砂溶解後，持續滾煮可讓鍋中皂液變得更加濃縮。等皂液由水狀轉濃稠時，就可以準備一個冰鎮過的倒置玻璃杯，從鍋中舀一茶匙樣本（請不要舀到泡沫），放入玻璃杯底部的凹槽，測試黏度。樣本放入杯底凹槽後，立刻以保鮮膜密封，防止樣本的液體在冷卻過程中有所揮發，影響測試結果的準確度。在皂液達到你的理想稠度前，請在煮皂期間頻繁地以上述方法測試黏稠度。

因為硼砂對富含軟油的皂液有良好的增稠力，所以如果是用

這個方法製作沐浴露，相較於第 120 頁的沐浴露製法，此方法的
皂液就可以在「皂／水比例」比較低的狀態下呈現膠狀。當然，
在使用硼砂當作增稠劑的情況下，也不必再添加任何中和劑。

測試皂液黏度前，請先將盛裝
樣本的玻璃杯或玻璃瓶放入冰
箱冰鎮一下。

沐浴露配方

　　長久以來，沐浴露的配方都含有很高比例的軟油，它們可以讓成品擁有滑順、膏狀的柔軟質地。話雖如此，但軟油的起泡性不佳，若想要改善這個問題，你可以加入一些硼砂，用量為每454 公克沐浴露加 14 公克濃度為 33％的硼砂液。除此之外，在配方裡適度的添加一些椰子油也可增加成品的起泡性。

　　本章的任何一個配方都可以依照第 120 到 123 頁的步驟操作，且絕大部分的配方都會用到諸如橄欖油、杏仁油、芥花油、紅花油或大豆油之類的軟油。另外，為了使此章成品呈現中性，請添加 128 公克濃度為 20％的硼酸液或檸檬酸液，或 128 公克濃度為 33％的硼砂液。

小叮嚀

如果你已經用硼砂來乳化或增稠皂液，就不必再額外添加任何中和劑。

基本款沐浴露

這款沐浴露含有大量的軟油，所以洗起來非常溫和又潤膚。若選擇橄欖油或杏仁油來製作，更可做出呵護寶寶柔嫩肌膚的「嬰兒沐浴露」。

| 油 |

任一軟油 ⋯ 1219 公克
椰子油 ⋯ 142 公克

| 鹼液 |

氫氧化鉀 ⋯ 312 公克
軟水或蒸餾水 ⋯ 935 公克

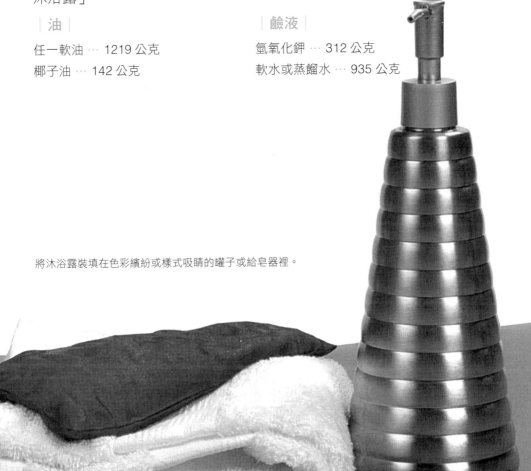

將沐浴露裝填在色彩繽紛或樣式吸睛的罐子或給皂器裡。

簡易版椰子油沐浴露 1

此款沐浴露洗起來就跟「基本款沐浴露」一樣溫和，但是它的起泡性稍微好一些。

油
任一軟油 … 1077 公克
椰子油 … 198 公克

鹼液
氫氧化鉀 … 312 公克
軟水或蒸餾水 … 935 公克

簡易版椰子油沐浴露 2

此款沐浴露的起泡性非常好，因為它的椰子油含量又比前一款高一些，適合油性肌膚者使用。

油
任一軟油 … 935 公克
椰子油 … 397 公克

鹼液
氫氧化鉀 … 312 公克
軟水或蒸餾水 … 935 公克

製皂者行銷沐浴露的話術

早年的製皂者都會用一些相當有趣的詞彙來行銷他們的沐浴露。比方說，他們常會說某種沐浴露「聽得懂人話」，只要它們聽到你說「變成玫瑰花吧」就會變成一朵花。接著，他就會把沐浴露倒入玻璃杯裡，讓沐浴露在杯子裡「綻放」花型。

「盛裝打扮」的沐浴露，則是一類需老道製作經驗才可完成的特殊沐浴露。這類沐浴露以棕櫚油，或牛油等含有大量硬脂酸的油脂為基底，經過煮製和冷卻後，硬脂酸就會在整個沐浴露的成品裡形成細緻的蕾絲花樣結晶。在行銷這類擁有精巧結晶的沐浴露時，製皂者還會以「米粒狀的花晶」、「小巧、如裸麥般的花晶」或「美麗、大小適中的花晶」等詞彙，來形容這類沐浴露的結晶。

椰荷特潤沐浴露

這款沐浴露中的軟油和荷荷芭油，讓它洗起來不僅滋潤，還可預防乾冷天氣造成的皮膚龜裂，特別適合乾性肌膚者使用。

| 油 |

任一軟油 ⋯ 1077 公克
荷荷芭油 ⋯ 85 公克
椰子油 ⋯ 255 公克

| 鹼液 |

氫氧化鉀 ⋯ 312 公克
軟水或蒸餾水 ⋯ 935 公克

魅惑松香沐浴露

松香不但賦予此款沐浴露迷人的琥珀色澤，也讓它的泡沫如冷霜般綿密。

| 油 |

任一軟油 ⋯ 964 公克
椰子油 ⋯ 227 公克
松香 ⋯ 198 公克

| 鹼液 |

氫氧化鉀 ⋯ 312 公克
軟水或蒸餾水 ⋯ 935 公克

搭配沐浴球或沐浴巾使用沐浴露，可增加沐浴露的起泡性。

超濃厚沐浴露

棕櫚油（或牛油）讓這款沐浴露的質地格外濃厚。

油		鹼液	
任一軟油 … 794 公克		氫氧化鉀 … 340 公克	
椰子油 … 510 公克		軟水或蒸餾水 … 1020 公克	
棕櫚油或牛油 … 113 公克			

夏季沐浴露

　　炎炎夏日，隨著氣溫飆升，沐浴露的稠度也會隨之下降。要克服這個問題，可以在沐浴露裡微量添加含有硬脂酸和棕櫚酸的油脂，這類熔點較高的油脂可避免沐浴露因高溫變稀。切記，在添加這類油脂時，請務必酌量添加，因為若添加過多，反而會造成沐浴露混濁。以下兩款配方皆可依照第 120 到 123 頁的步驟操作。

可可脂潤膚沐浴露

這款沐浴露的起泡力佳，且可可脂也讓沐浴露的質地更為厚實，洗起來更加滋潤。

油		鹼液	
任一軟油 … 680 公克		氫氧化鉀 … 340 公克	
椰子油 … 595 公克		軟水或蒸餾水 … 1020 公克	
可可脂 … 85 公克			

盛夏爽膚沐浴露

你一定要試試這款洗起來非常溫和、清爽的沐浴露。蓖麻油不僅可增加沐浴露的清澈度，也可改善棕櫚油所造成的混濁。

| 油 |
任一軟油 … 708 公克
椰子油 … 255 公克
棕櫚油 … 142 公克
蓖麻油 … 142 公克

| 鹼液 |
氫氧化鉀 … 340 公克
軟水或蒸餾水 … 1020 公克

TIP　在基本款沐浴露裡混入少量的酒精，即是二十世紀初的強效洗車精。

自用、送禮兩相宜的沐浴露！

Chapter 6

奢華泡泡浴露

不論是固體皂或是液體皂，
所有皂品中，
大概就屬「泡泡浴露」最能營造出皂品的奢華感。
在製作這類皂品時，
居家製皂者最在意的部分當然就是成品的起泡力、
起泡速度和泡沫持久度，
因為「起泡力好、起泡速度快和泡沫持久」
就是泡泡浴露最好的狀態。

　　遵循本章所傳授的原則操作，一定可以製作出泡沫濃厚的泡泡浴露。當然，這些泡泡浴露在好用之餘，也能擁有兼具美感的外觀。若想要賦予你的成品更多不一樣的風貌，請見第七章「調色與賦香」，該章會告訴你如何為這些樣貌平凡的皂品打造出不凡的新貌。除此之外，我還特別在第 152 到 172 頁羅列出了專業製皂者為這類泡泡浴露量身打造的各式調香，相信它們都能讓你在沐浴時刻體驗到不同以往的享受。

🌿 起泡劑和泡沫穩定劑

　　椰子油（或任何富含月桂酸的油脂）是製作各種泡泡浴露的主要成分，因為它的起泡速度最快、泡沫量也最多。添加少量軟油，則可增加泡泡浴露的潤膚力。

◆━━━━◇◈◇━━━━◆

　　相較於其他油酸含量較低的軟油，富含油酸的軟油：如橄欖油、杏仁油和芥花油，能產生較多泡沫，泡沫的穩定度也比較好。

　　如何確保這些泡沫可以在浴缸裡持久不散，是製作泡泡浴露的另一大挑戰。製皂商大部分都會用多款化學物質來克服這個問題，但這些化學物質居家製皂者通常不太容易取得。儘管如此，我們在第一章提到的多款添加物（甘油、硼砂和 Calgon 浴鹽）還是可以扮演良好的泡沫穩定劑角色。

　　如果想先試試這些添加物的起泡狀況，可以取一個大鍋，用 284 到 340 公克的水溶解 28 到 57 公克的液體皂，然後攪拌此溶液 20 秒後，觀察它泡泡的厚度和持久度。

如果皂方裡有使用油酸含量高的油脂，可讓泡沫的持久度比較好。

接著再取另一個鍋子，先調出跟第一鍋相同「皂／水比例」的皂液，再添加半茶匙左右你喜歡的任一款添加物。同樣攪拌 20 秒，然後將它的泡沫狀況與第一鍋相比較。透過這個方法，就可以逐步打造出專屬你的泡泡浴露配方。

甘油

在普通的洗碗精裡加幾滴甘油，就可以讓它的起泡力大幅提升，創造出優質的吹泡泡水。同樣的原理也可以應用在泡泡浴露上，只要在沐浴露裡多添加幾公克的甘油，你就會發現皂液的泡泡量明顯變多。

硼砂

硼砂（或 Calgon 浴鹽）起泡的效果甚至比甘油更好。硼砂可同時扮演清潔劑和泡沫穩定劑的角色，這一個特性也讓它成為製作泡泡浴露的最佳材料。另外，硼砂還是水質軟化劑，所以如果洗澡水不是軟水，那麼這一點更會大大提升泡泡浴的品質。

鈉鉀皂

鈉皂和鉀皂混合時，混合物的起泡力會明顯增加。

不過，由於氫氧化鉀和氫氧化鈉的溶解度不同，要讓它們的成品呈現均質的狀態並不容易，所以本書並沒有要特別著墨在鈉

鉀皂的製作。儘管鈉鉀皂在製作上容易產生結塊或是分層的現象，但我們還是可以運用一些小技巧來讓鈉皂提升鉀皂的起泡力。舉例來說，在本章的前幾份泡泡浴露配方裡，你就可以在鉀皂液尚熱時，加入幾公克磨碎的鈉皂，待鈉皂充分溶解後，皂液整體的起泡度就會顯著提升。需特別注意的是，鈉皂有可能會讓皂液略為混濁，尤其是有超脂的鈉皂，更會加劇這個現象。想要避免這個問題，可以更動添加鈉皂碎塊的時機點，提早將鈉皂碎塊加入一開始製作鉀皂的鹼液，而非等鉀皂加熱後才添加鈉皂碎塊。透過這個調整，就算額外添加的鈉皂裡含有過量的脂肪酸，也會隨著鉀皂煮製的過程充分皂化。

　　鈉皂可以用兩種不同的方法加入鉀皂。第一種方法是，直接把鈉皂加入鉀皂的鹼液。這個方法有個很大的優點，就是鈉皂在這個階段還可以發揮「皂種」的功能，加速鉀皂鹼液和油脂乳化的速度，進而縮短兩者充分皂化的時間。比方說，如果希望在鉀皂裡加入 284 公克的鈉皂碎塊，那麼就請先用 284 公克的沸水溶解這些鈉皂碎塊，接著，再用另一個容器配製鉀皂的氫氧化鉀鹼液；但別忘了，配製鉀皂鹼液時，需要把原本的用水量扣掉先前溶解鈉皂碎塊的 284 公克水量。鈉皂溶化後，即可加入溫熱的鹼液拌勻，然後再混入油脂中。

　　第二種方法則是，在鉀皂完成加熱和稀釋的步驟後，再加入鈉皂碎塊。添加鈉皂時，每 28 公克的鈉皂碎塊請先用 28 到 57 公克的沸水溶解。

乳粉

在泡泡浴露裡加入牛奶，可增加使用時的潤膚度。不過乳粉的添加量絕非愈多愈好，皂液稀釋後，其總重的 4% 是乳粉的添加量上限（低脂或脫脂乳粉皆可），也就是說，每 454 公克稀釋過的液體皂最多可加 19 公克乳粉。

磺化蓖麻油

另一種可以考慮添加在泡泡浴露裡的成分是磺化蓖麻油，它可增加泡泡浴露的潤膚性。另外，由於磺化蓖麻油可完全溶於水，所以其實只要將它混入各式精油，本身就會是一款很好用的沐浴油。

保溼劑、起泡劑和泡沫穩定劑的使用量

添加物名稱	每 454 公克稀釋過的皂液可添加
甘油	28 到 85 公克
硼砂 *	1 到 3 茶匙粉末，需先溶解在 85 公克熱水中
鈉皂碎塊	57 到 227 公克
磺化蓖麻油	1 到 3 茶匙
乳粉	最多 19 公克

* 硼砂粉末也可直接添加在溫熱的鹼液裡，因為它同時具備乳化劑的功能，可加速皂化反應的進行。

奢華泡泡浴露配方

　　一天結束之際，再也沒有什麼比泡個熱呼呼的泡泡浴更能放鬆身心了。舉凡甘油、磺化蓖麻油和牛奶都可以增加這股舒緩身心的感受，當然，精油的芳療功效在這裡也可以派上用場。例如，迷迭香的香氣可緩解頭痛，薰衣草的香氣則可放鬆肌肉。或者也可以直接加一些花水到洗澡水裡，如玫瑰水或橙花水都是很不錯的選擇。

只要簡單的幾個步驟，你也能自製療癒身心的泡泡浴露。

除非配方中有特別指示其他的操作方法，否則以下所有配方都是依照第二章的方法一步步操作。在此先將本章所有配方的兩大操作準則列出：

❶ **如果是使用「皂糊酒精製法」來製作此章的泡泡浴露，請在**油脂和鹼液的混合物裡加入 567 公克的乙醇或異丙醇。

❷ 為了使此章成品**呈現中性**，請添加 128 公克濃度為 20％的硼酸液或檸檬酸液，或 128 公克濃度為 33％的硼砂液。

想要讓泡泡浴露的起泡度更高、泡沫穩定度更好，可以參照第 135 頁的方法，另行添加硼砂、鈉皂碎塊和（或）甘油。

Note
小叮嚀

如果你已經用硼砂來乳化或增稠皂液，就不必再額外添加任何中和劑。

純椰子油泡泡浴露

此款泡泡浴露的起泡性非常好，但對敏感性肌膚者來說，它洗起來可能會有點乾。

| 油 |

椰子油 … 1360 公克

| 鹼液 |

氫氧化鉀 … 397 公克
軟水或蒸餾水 … 1190 公克

埃及豔后牛奶浴

傳說，埃及豔后都會用整缸的牛奶來泡澡。此款沐浴露不僅添加了乳粉，還額外添加了磺化蓖麻油，因此洗起來的感覺會更加滋潤溫和。請在調整完整批皂糊的酸鹼度，並完成稀釋步驟後，再將磺化蓖麻油和乳粉均勻混入皂液。

| 油 |

椰子油 … 1247 公克
橄欖油、芥花油或杏仁油 … 142 公克

| 鹼液 |

氫氧化鉀 … 397 公克
軟水或蒸餾水 … 1190 公克

| 保溼劑 |

磺化蓖麻油 … 1/2 杯
乳粉 … 1 杯

如果自己就能夠做出最符合自己肌膚
需求的泡泡浴露，何必還要去買商家
販售的工業化沐浴用品呢？

橄欖油泡泡浴露

橄欖油不只能增添泡泡浴露的潤膚度,也可以增加它的泡沫量。

| 油 |
椰子油 … 1020 公克
橄欖油 … 340 公克

| 鹼液 |
氫氧化鉀 … 368 公克
軟水或蒸餾水 … 1105 公克

超豐盈泡泡浴露

將鈉皂碎塊混入鉀皂液裡,是增加泡泡浴露起泡力和泡沫持久度的最佳方法之一。

| 油 |
椰子油 … 1190 公克
橄欖油、芥花油或杏仁油 … 227 公克

| 鹼液 |
氫氧化鉀 … 397 公克
軟水或蒸餾水 … 567 公克

| 泡沫穩定劑 |
鈉皂碎塊 … 624 公克

特別說明:此款變化版的鉀皂配方,依舊適用第二章所介紹的製皂方法。

❶ 用 567 公克的水溶解氫氧化鉀。(本來共需要用 1190 公克的水溶解氫氧化鉀,但此處預留 624 公克的水,供等下溶解鈉皂碎塊用。)

❷ 煮沸預留 624 公克的水,加入鈉皂碎塊,蓋上鍋蓋,小火滾煮至鈉皂完全溶化。若想加速鈉皂的溶解速度,可在鍋中加入數公克酒精。

❸ 現在即可將鈉皂液和鹼液混在一起,並拌入熱油。鈉皂碎塊不僅可以增加成品的起泡力,更可加速皂化反應的進行。

松香泡泡浴露

某一本在兩個世紀交接時發行的《皂方集》曾說，想要讓皂品擁有泡泡水般的起泡力，可以藉助松香的力量。因此，在製作泡泡浴露時，也可以試試松香這個成分。松香除了可以增加成品的起泡力和潤膚力，還可賦予浴露一股美妙的大地氣息，所以在完成此款泡泡浴露後，甚至可以不必再添加任何香氛。

油		鹼液	
椰子油 … 1134 公克		氫氧化鉀 … 397 公克	
橄欖油、芥花油或杏仁油 … 142 公克		軟水或蒸餾水 … 1190 公克	
松香 … 227 公克			

TIP　松香的熔點高且易燃。溶解它的時候，請先將它混入少量的橄欖油和椰子油裡，再以隔水加熱的方式慢慢溶解它。

快來製作多款泡泡浴露，試試看你最喜歡哪一款泡起來的感覺！

Chapter 7

調色與賦香

製作熱製皂時，
完全不用去猜皂液會對染料或香氛造成什麼樣的影響，
因為熱製法的染色和賦香步驟是在皂液調整為中性後才進行，
所以皂液對這些添加物的「殺傷力」早被澈底去除。

　　美國詩人葛楚‧史坦（Gertrude Stein）曾寫下這樣一段詩句：「玫瑰是玫瑰就是玫瑰。」（A rose is a rose is a rose.）許多人看到這段詩句時，都對它的詩意一頭霧水，至今也沒有人真正了解這句話的意涵。不過，說不定她在這句話裡要表達的意思，正是玫瑰在「熱製法」裡的狀態：一旦用玫瑰入皂，它的香氣和它的顏色就會永存於皂品之中，以另一種形式繼續在皂液裡綻放。

　　在「冷製法」的條件下，玫瑰可就無法表現出這樣的特質。因為冷製法的染色和賦香這個步驟，是在皂品尚未調整為中性前進行，換言之，這些添加物一定得跟皂液中的強鹼物質碰頭，但並非每一種添加物都挺得過這種嚴酷考驗，並能夠全身而退的在成品中展現出它們原有的樣貌。所以在這種情況下，製皂者的冷製皂就常會出現成品表現不出任何香氣，或是染色狀態不如預期的狀況（如亮藍色變成洗碗水般的灰色）。

　　「熱製皂」在這一點就完勝「冷製皂」。製作熱製皂時，完全不用去猜皂液會對染料或香氛造成什麼樣的影響，因為熱製法的染色和賦香步驟是在皂液調整為中性後才進行，所以皂液對這些添加物的「殺傷力」早被澈底去除。有了這層保障，當然更可以毫無後顧之憂的盡情發揮創意，並更準確的估量出你所需的染料和香氛用量！

染料

本書中的絕大多數皂方，依照基底油的不同，其成品外觀都會呈現介於淺金色到深琥珀這個區間的色調。如果你喜歡，大可保留這些成品的討喜原色，不必再添加其他的染料。不過，如果你想要使用染料改變這些皂液的色彩，請務必記得一次先滴個幾滴就好，因為染料在液體皂裡非常顯色，一不小心就會讓顏色過濃。

食用色素

這類食品級的染料在超市就可輕易購得，是最好入手和操作的染料選擇。不論是藍色、綠色、紅色或黃色，它們在液體皂裡的呈色都很穩定。食品級染料分液態和膠狀兩種形式；使用膠狀染劑的時候，一定要先將它溶於熱水中，再添加到皂液裡。如果直接把膠狀的染料滴入皂液，會比較難掌握成品最終的顏色，因為膠狀的染料需要比較長的時間溶解。

改變液體皂色彩時，可以選用單色染料，也能混用多種染料，調配出更加細微的色彩變化。

皂用染料

　　食品級染料還可以混製出其他的色彩，譬如：藍色加黃色可混製出土耳其藍、紅色加黃色可混製出橙色。然而，這些染料的基本四色在調色上還是會有一些限制。舉例來說，如果想要調出一個比較雅緻的紫色，就必須在混有紅色和藍色的染劑裡再加入大量的黃色，才有辦法做到。幸好，現在皂用染料已經很容易取得，可根據需求上網搜尋相關資訊。

TIP　我不建議你使用染布用的染料，因為這類染類含有鹽分，會造成皂液混濁。

香氛

就跟染料一樣，香氛添加到熱製皂裡，也會保有原本的樣貌。
因此，任何人只要打開賦香後的洗髮精或沐浴露，還是可以聞到跟
市面上購入、加入這些皂品裡相同美好的迷人香氣。

香精

香氛主要分為兩大類：一類為人工合成香精，另一類則為萃
取自植物的天然精油。不過這兩者之間的區別並非如表象看起來
這般非黑即白，因為絕大多數的「合成」香精還是會混入一些天
然的精油，也就是說，這些合成香精有可能會囊括多種不同的精
油和化合物。合成香精的一大好處就是可讓業餘製皂者享受到專
業等級香氛氣味，因為這些香精都是香氛公司裡的專業調香師經
過多次試誤才調配出的完美比例。

TIP　水果的香氣永遠不會跟精油的香氣重疊，而熱製皂正是彰顯這些果
香的最佳載體，因為冷製皂通常不太能保留這些果香的氣味。

你會發現天然精油、甚
至是香精的氣味，聞起
來就跟新鮮的植物和香
料一模一樣。

使用香精的另一項好處則是：它們不僅能提供居家製皂者各式各樣的香氛，更能讓製皂者以經濟實惠的價格輕鬆享受不同的新奇香氣。以玫瑰或茉莉精油為例，這類純天然的精油，454 公克價位頗高；但是 454 公克製作精良的合成茉莉香精，價格則便宜許多。除此之外，你絕對找不到帶有草莓、梨子或黑莓果香的天然精油。可上網搜尋精油供應商的相關資訊。

天然精油

天然精油雖然缺乏新意，但它們的氣味卻充滿浪漫情懷。絕大多數的精油都來自充滿異國情調的地區：像是印度或中國的深遠山林，或是法國南端陽光普照的丘陵。在打開精油的瓶口時，這些孕育出它們的景致就會不由自主的浮現在腦海中，並讓人想到產製這些精油的工匠是如何遵循古法，用心揀選出製作這些精油所需的花、葉或枝枒。以玫瑰精油為例，數萬公克的玫瑰花瓣才得以淬鍊出僅僅 454 公克重的玫瑰精油。

幾個世紀以來，精油都是由植物精煉而來，而人們用它調香的藝術底蘊也是同等悠久。將不同的精油調配在一起，可以混搭出不同的「香調」和氛圍，製皂者在這個過程中也最能發揮創意，體會到製皂的另一種樂趣。你或許會耗費好幾個小時的時間，只為了調配出一款滿意的香調，但就跟任何一門藝術一樣，每個人對香氛的感受度也會隨時間和歷練有所轉變。

長久以來，大家對香精和精油還有一個爭辯不休的問題，那就是：「精油對皮膚的刺激真的比香精少嗎？」老實說，這是一

道沒有標準答案的問題，因為若是就大方向來討論，肯定會主張
「天然的最好」，但是若細部去探究每種精油對皮膚的刺激性，
裡頭又確實有幾款精油會讓某些人的皮膚出現非常嚴重的過敏反
應，肉桂精油就是其中一例。因此，若要我說的話，我會說這個
部分全因個人體質而異。然而，有一點可以肯定的是，精油的芳
療效果一定優於香精；不論是在放鬆身心、提振精神和轉換心情
方面，天然精油都能展現非常優異的成效。

TIP　鉛筆製造商製作鉛筆筆身的廢木料，就可用來提煉雪
松精油。

香氛配方

　　此刻，手工皂這門藝術正以前所未見的姿態重新蔚為風潮，而這股風潮，也連帶的重新點燃了大眾對香氛藝術的興味。成千上萬的業餘製皂者和小規模經營的製皂商，現在都紛紛為他們自製的皂品調製了獨一無二的香調。本章所介紹的香氛配方（包含純精油和香精），皆是各家小規模製皂商為自家產品打造的獨門香氛配方。

　　絕大多數市售皂品的香氛添加量都落在皂品總重的 1％ 左右。不過，畢竟每個人對香氛的感受度都不同，而且有些香氛的氣味也確實會比較濃烈一些，所以以下這些配方的用量皆僅供參考，用量仍可依個人喜好調整。

狂野男人味（Naturally Wild for Man）

這款香調是「The Petal Pusher」的凱西（Kathy Tarbox）所調製，該品牌位在美國華盛頓州的史坦伍德。

│ 精油配方 │

瑞士松木精油 … 5 份　　　　快樂鼠尾草精油 … 3 份

葡萄柚精油 … 2 份　　　　　檸檬草精油 … 1 份

檀香精油 … 1 份

香甜女人香（Sweet Harmony for Women）

另一款由凱西所調製的迷人香調。

│ 精油配方 │

檸檬馬鞭草精油 … 2 份　　　茉莉精油 … 2 份

葡萄柚精油 … 5 份　　　　　夜來香精油 … 3 份

佛手柑精油 … 3 份　　　　　橡苔精油 … 2 份

葡萄柚的香氣既具識別度，又能與其他香氣和平共處，很多皂品的香調都有用到它。

甘醇魅惑（Smooth Operator）

這款香調是「Country Sc-entuals」的芮妮（Renee Thompson）
所調製，該品牌位在美國奧克拉荷馬州。她說，此香調具有「魅惑、
醇厚」的香氣。

| 精油配方 |

薰衣草精油 … 2 份　　　　　　　　依蘭精油 … 1 份

製皂史

英國製皂者在中世紀有一段特別艱苦的日子，因為當時政府對倫敦
周邊的小型製皂業者課以重稅。由於稅金實在太高，稅務人員每晚還會
將業者的製皂鍋具上蓋、鎖起，以免業者在夜間偷製皂品。

印度之夢（Indian Dream）

芮妮說：「我之所以會把這些精油組合在一起，是因為它們具有
藥性，就算是不喜歡廣藿香的人，也一定會愛上這款香調。」

| 精油配方 |

檀香精油 … 1 份　　　　　廣藿香精油 … 1 份
茅香精油 … 4 份

夏日海灘（Summer Fun）

另一款由芮妮所調製的香調，她說：「這款香調會讓你感受到非
常強烈的夏日海灘風情。」

| 精油配方 |

芒果香精 … 2 份　　　　　鳳梨香精 … 1 份
椰子香精 … 1 份　　　　　香蕉精油 … 1 份

春日香氣（Spring Scent）

這款淡雅的香調是「Homesong Hand- crafted Soaps」的崔夏
（Trisha Walton）所調製，該品牌位在美國密西根州的威廉斯頓。

| 精油配方 |

蜜桃香精 … 11 份
葡萄柚香精 … 8 份
琥珀香精 … 1 份

清新柑橘（Citrus Refresher）

這款香調是「Blue Moon Botanicals」的海倫（Helen Dubovik）所調製，該品牌位在美國伊利諾州的金斯頓。她說：「這是一款清新乾淨的香調，具提神醒腦的功效。」

│ 精油配方 │

佛手柑精油 … 1 份
葡萄柚精油（粉紅葡萄柚精油尤佳）… 1 份

愛情魔藥 7 號（Love Potion#7）

這是海倫調製的另一款香調，帶有浪漫的異國情調。

│ 精油配方 │

保加利亞玫瑰精油 … 3 份　　　檀香精油 … 2 份
依蘭精油 … 1/4 份　　　　　　香草精油 … 1/8 份
黑胡椒精油 … 1/16 份　　　　　肉荳蔻精油 … 1/16 份

甜美大地（Sweet Earth）

海倫說：「這是款溫暖樸實的香調，很適合入皂。」

│ 精油配方 │

檀香精油 … 3 份　　　　　　　廣藿香精油 … 1 份
檸檬精油 … 1 份

安神舒眠之水（3 Cs Soap Blend）

這款獨特的香調是「Iowa Natural Soapworks」的吉兒（Jill Sidney）
所調製，該品牌位在美國愛荷華州的達文波特。

| 精油配方 |

玫瑰天竺葵精油 ⋯ 3 份　　　　　玫瑰草精油 ⋯ 2 又 1/2 份
花梨木精油 ⋯ 2 份　　　　　　　羅勒精油 ⋯ 1 份

青青花園（Meadow Garden）

這款香調也是吉兒所調製，展現出的氣味簡單而美好。

| 精油配方 |

玫瑰香精 ⋯ 3 份　　　　　　　　快樂鼠尾草精油 ⋯ 1 份

雲霧松柏（Mist Pine Barrens Soap Blend）

這款原創香調是「The Loom Rat in Chalfont」的鮑伯（Bob McDaniel）
所調製，該品牌位在美國賓州。

| 精油配方 |

白松精油 ⋯ 1 又 1/2 份
絲柏精油 ⋯ 1 份
雪松精油 ⋯ 1 份
癒創木精油 ⋯ 1/4 份

果香在皂品裡非常受歡
迎，多嘗試一定能找到你
最愛的種類。

甜蜜香橙（Citrus Delight）

這款香調是「Serenity Soaps and Herb Gardens」的雪倫（Sharon Dodge）所調製，該品牌位在美國華盛頓州的卡馬諾島。它散發的香甜果香，可口迷人到令人想要品嚐一口。

| 精油配方 |

| 甜橙精油 … 2 份 | 萊姆精油 … 1 份 |
| 粉紅葡萄柚精油 … 1 份 | |

聖誕長青（Christmas Evergreen）

這款擁有完美佳節氛圍的香調也是雪倫所打造。

| 精油配方 |

| 松木精油 … 2 份 | 雪松精油 … 1 份 |
| 鐵杉精油 … 1 份 | |

魅惑夜晚（Sultry Nights）

這款帶有「夏日溫暖氣味」的香調是「Cat's Paw Enterprises」的黛安娜（Diana Johnson）所調製，該品牌位在美國華盛頓州的湯森港。

| 精油配方 |

| 玫瑰精油 … 9 份 | 丁香精油 … 5 份 |
| 胡椒薄荷精油 … 4 份 | |

我的男人（My Guy's Blend）

這是黛安娜專為男性調製的一款香調。

| 精油配方 |

藏茴香精油 ⋯ 10 份　　　　　薰衣草精油 ⋯ 5 份

迷迭香精油 ⋯ 3 份

在為男性調製皂品的香調時，迷迭香和松柏類的木質調香氛都是很不錯的選擇。

TIP　我們製作柳橙精油的柳橙源自海地。航海家哥倫布在發現新大陸的時候，對當地的植物讚譽有加，於是，在他重返西班牙之際，也帶回了各式植物的種子，其中也包含了苦橙和甜橙的種子。

廣藿香苦杏（Patchouli-Almond Spice）

這款帶有辛香氣味的香調是「Gentler Thymes Soap Company」的瑪莉（Mary Byerly）所調製，該品牌位在美國伊利諾州的帕羅斯高地。

| 精油配方 |

廣藿香精油 … 3 份　　　　　苦杏精油 … 2 份
桂皮精油 … 1 份

放鬆良方（Bath Balm）

這是瑪莉的另一款作品。薰衣草有助放鬆緊繃肌肉，非常適合添加在泡泡浴露裡。

| 精油配方 |

薰衣草精油 … 20 份　　　　茶樹精油 … 4 份
檸檬草精油 … 2 份　　　　　桂皮精油 … 1 份

檸檬佛手柑（Lemon Refresher）

這是瑪莉另一款主打「提神醒腦」的香調。

| 精油配方 |

檸檬精油 … 12 份　　　　　佛手柑精油 … 4 份
尤加利樹精油 … 2 份　　　　薰衣草精油 … 1 份

經典羅曼史（Classical Romance）

這款香調同樣出自瑪莉之手，是一款帶有異國風情的木質香調。

│ 精油配方 │

依蘭精油 ⋯ 2 份　　　　　　　　花梨木精油 ⋯ 1 份

仲夏花園（Summer Garden）

「Gentler Thymes Soap Company」的這款香調，前調帶點淡雅
的柑橘味，主調則為甜美的花草香。

│ 精油配方 │

天竺葵精油 ⋯ 4 份　　　　　　　綠薄荷精油 ⋯ 3 份
甜橙精油 ⋯ 2 份　　　　　　　　葡萄柚精油 ⋯ 2 份
菩提花精油 ⋯ 1 份

陽光永駐（Sunshine Spirit）

這款振奮人心的香調是「Natural Impulse
Handmade Soap and Sundries」的凱倫
（Karen White）所調製，該品牌位在美
國阿拉巴馬州的伯明罕。

│ 精油配方 │

甜橙精油 ⋯ 10 份
玫瑰草精油 ⋯ 13 份
山雞椒精油 ⋯ 1 份

海島微風（Island Breeze）

凱倫的這款香調以花香為主調，點綴了淡淡的香料味，很適合添加在夏日的沐浴露裡。

| 精油配方 |

茉莉精油或茉莉香精 ⋯ 2 份　　　　芫荽精油 ⋯ 1 份

甜心派（Honey Pie）

凱倫的這款香調甜美又純粹。

| 精油配方 |

香草香精 ⋯ 1 份　　　　蜂蜜香精 ⋯ 1 份

冰心薄荷（Mint Julep）

凱倫所調配的另一款夏季香調，調香的素材囊括了多款精油和香精。

| 精油配方 |

蜂蜜香精 ⋯ 8 份　　　　山雞椒精油 ⋯ 7 份

胡椒薄荷精油 ⋯ 4 份　　　綠薄荷精油 ⋯ 3 份

石楠香精 ⋯ 3 份

性感女神（Too Sexy）

凱倫的另一款作品，此香調帶有「濃濃的秋意」。

| 精油配方 |

南瓜派香料香精 ⋯ 4 份　　　　　薰衣草精油 ⋯ 3 份

築夢者（Dream Weaver）

這款簡樸的香調是「Indian River Creations」的黛比（Debbie Graybeal）所調製，該品牌位在美國佛羅里達州的墨爾本。

| 精油配方 |

快樂鼠尾草精油 ⋯ 1 份　　　　　雪松精油 ⋯ 2 份
苦橙葉精油 ⋯ 2 份

花之子（Flower Child）

「Indian River Creations」的這款香調帶有溫暖的大地氣息。

| 精油配方 |

廣藿香精油 ⋯ 1 份
山雞椒精油 ⋯ 2 份
薑精油 ⋯ 2 份

不要把你對氣味的想像力侷限在果香，蔬菜、花卉和香草的獨特氣味也都是很棒的調香素材。

鬍後水（For Men）

黛比的這款香調會讓人想起鬍後水的清新氣味。

│ 精油配方 │

紅柑精油 … 2 份　　　　　　苦橙葉精油 … 2 份
薰衣草精油 … 1 份　　　　　芫荽精油 … 1 份
桂皮或肉桂精油 … 1/2 份

天國之境（Heavenly）

這款令人心曠神怡的香調同樣出自黛比之手，很適合添加在強調「爽膚」的沐浴露裡。

│ 精油配方 │

丁香精油 … 1 份　　　　　　薰衣草精油 … 1 份
紅柑精油 … 2 份　　　　　　葡萄柚精油 … 2 份
萊姆精油 … 2 份　　　　　　苦橙葉精油 … 2 份
檸檬精油 … 4 份

橙入夢香（Tangerine Dream）

這款香調是黛比的最愛，非常適合添加在強調舒緩身心的泡泡浴露裡。

│ 精油配方 │

廣藿香精油 … 1 份　　　　　紅柑精油 … 2 份
快樂鼠尾草精油 … 4 份　　　薰衣草精油 … 8 份

森林系薰衣草（Lavender-Patchouli Blend）

這款香調是「Southern Soap Company」的泰咪（Tammy Hawk）所調製，該品牌位在美國阿拉巴馬州的富爾頓戴爾。

| 精油配方 |

廣藿香精油 … 1 份　　　　　　薰衣草精油 … 3 份
雪松精油 … 1/4 份

創意行銷

　　「現代廣告之父」湯瑪斯・巴拉特（Thomas Barratt）曾經是一名製皂商，因為他的岳父安德魯・皮爾斯（Andrew Pears）本來就是生產皂品的工匠。後來巴拉特用一連串大膽創新的行銷手法將皮爾斯生產皂品打入國際，並創立「梨牌」這個我們耳熟能詳的品牌。當時，巴拉特為了宣傳他們自家的品牌，從法國進口了 25 萬枚生丁（為法國貨幣，1生丁＝1／100 法郎），並在硬幣其中一面標記上梨牌的商標。雖然後來英國議會特別立法禁止這些貨幣在國內流通，但那時候這些巴拉特特製的貨幣早以在市面上廣為使用，建立起大眾對他們品牌的印象。除此之外，巴拉特也是第一個用一系列精美海報向大眾行銷產品的商人。

古龍水（Eau de Cologne）

這款香水般的香調是「Delaware City Soap Company」的蕾貝卡（Rebecca Keifer）所調製，該品牌位在美國德拉瓦州的德拉瓦城。

│ 精油配方 │

甜橙精油 … 4 份　　　　　　薰衣草精油 … 3 份
迷迭香精油 … 3 份　　　　　檸檬精油 … 2 份

蕾貝卡特調廣藿香（Rebecca's Patchouli）

這款香調也是蕾貝卡以她個人最喜歡的氣味調製而成。

│ 精油配方 │

雪松精油 … 8 份　　　　　　廣藿香精油 … 3 份
天竺葵精油 … 3 份　　　　　黃樟油精油 … 1 份

萊姆童趣（Lime Smoothie）

這款帶有童趣果香的香調是「Flower Moon Soaps」的麗莎和麥特（Lisa and Matt Redman）所調製，該品牌位在美國馬里蘭州的切斯特頓。

│ 精油配方 │

香草精油 … 2 份　　　　　　墨西哥萊姆精油 … 2 份

老肯特花園（Old Kent Garden）

另一款由麗莎和麥特調製的香調，它的氣味會讓你腦中浮現維多利
亞式花園的景象。

| 精油配方 |

法國薰衣草精油 … 1 份
迷迭香精油 … 1/2 份
檸檬馬鞭草精油 … 1 份
甜羅勒精油 … 1/2 份
玫瑰精油 … 1 份

玫瑰、薰衣草和廣藿香這類經典香氛，都是調香時不會出錯的安全牌。

孟加拉玫瑰（Rose of Bengal）

這是另一款蕾貝卡的特調香調。

| 精油配方 |

玫瑰草精油 … 8 份　　　　　　花梨木精油 … 4 份
肉桂葉精油 … 1 份

肉桂森林（Cinnamon Forest）

這款香調是「Scentsables」的瑪姬（Maggie Anderson）所調製，
該品牌位在美國華盛頓州的巴特爾格朗德。

| 精油配方 |

肉桂葉精油 … 4 份　　　　　　香草香精油 … 4 份
廣藿香精油 … 2 份　　　　　　薰衣草精油 … 1 份
祕魯香脂精油 … 1/2 份

草本特調（Signature Blend of Squeaky Clean . . .Naturally!）

這款獨一無二的香調是「Squeaky Clean . . .Naturally!」的達琳
（Darlene Nielsen）所調製，該品牌位在美國紐約州的瑟克爾維爾。

| 精油配方 |

薰衣草精油 … 6 份　　　　　　香橙精油 … 6 份
依蘭精油 … 4 份　　　　　　　快樂鼠尾草精油 … 2 份

阿拉伯之夜（Arabian Nights）

這款極具層次感的浪漫香調是「Soap Box」的唐娜（Donna Ramsey）
所調製，該品牌位在加拿大亞伯達省的科克倫。

│ 精油配方 │

花梨木精油 … 2 份　　　　　廣藿香精油 … 1 份
檀香精油 … 2 份　　　　　　橙花精油 … 1 份
茉莉精油 … 1 份　　　　　　玫瑰精油 … 1 份
白葡萄柚精油 … 2 份　　　　佛手柑精油 … 1 份
梔子花精油 … 1 份

熱帶柑橘（Tropical Citrus Blend）

這是唐娜調製的另一款招牌香調。

│ 精油配方 │

粉紅葡萄柚精油 … 3 份
甜橙精油 … 5 份
檸檬精油 … 3 份
萊姆精油 … 3 份

草莓大黃派（Strawberry-Rhubarb Pie）

這款香甜夢幻的香調是「Designs By AnnaLiese」的安納莉斯（Anna-Liese Moran）所調製，該品牌位在美國奧勒岡州的科瓦利斯。

| 精油配方 |

草莓香精 … 3 份　　　　　　　　大黃香精 … 1 份

聖誕嘉年華（Christmas Carnation）

這款歡慶佳節的香調是「Snowdrift Farm Natural Products」的比爾和崔娜（Bill and Trina Wallace）所調製，該品牌位在美國緬因州的杰斐遜。

| 精油配方 |

依蘭精油 … 1 份　　　　　　　　丁香花苞精油 … 1 份

香草史

　　薰衣草是地中海地區的原生植物，但薰衣草精油幾乎皆產自南法。這是因為二十世紀初，法國農村人口蜂擁到工業城市生活，紛紛棄農場於不顧，恰好薰衣草的生長韌性跟雜草一樣強，可在相對貧瘠的土地上生長，所以當時，這些被棄置的農場土地就漸漸被大批的薰衣草占據了。

一抹幽香（Noir Blend）

這款帶點神祕感的香調也是出自比爾和崔娜之手。

│ 精油配方 │

廣藿香精油 … 4 份　　　薰衣草精油 … 2 份
沒藥精油 … 1 份

海風輕拂（Sea Breezy）

這款完美的草本香調同樣是比爾和崔娜的傑作。

│ 精油配方 │

檸檬尤加利精油 … 2 份　　　檸檬草精油 … 2 份
迷迭香精油 … 1 份

異國情調（Exotic Blend）

這款充滿生命力的香調是「Pisces Rising Aromatherapy Arts and Crafts」的艾瑟兒（Ethel Winslow）所調製，該品牌位在美國印地安納州的印第安納波利斯。

│ 精油配方 │

依蘭精油 … 6 份　　　黑胡椒精油 … 2 份
芫荽精油 … 2 份　　　甜橙精油 … 2 份

運動必備（Sports Essential Blend）

這款運動者必備的香調也是艾瑟兒所調製，她選用的精油都有助舒緩運動傷害所造成的疼痛。胡椒薄荷精油可舒緩疼痛和促進血液循環；尤加利樹精油可舒緩疼痛和活絡肌肉；馬鬱蘭精油可緩解肌肉痙攣和活絡肌肉；薰衣草精油可舒緩疼痛和活絡、平衡肌肉的狀態。

| 精油配方 |

胡椒薄荷精油 … 1 份
尤加利樹精油 … 2 份
馬鬱蘭精油 … 2 份
薰衣草精油 … 6 份

用有趣的容器盛裝皂液，並用玻璃紙、包裝紙或緞帶妝點瓶身，就可以讓它們化身為適合各種時節的完美禮品。

精油與香精中英文對照表

	中文	英文
1	丁香花苞精油	Clove bud essential oil
2	丁香精油	Clove essential oil
3	大黃香精	Rhubarb fragrance oil
4	山雞椒精油	Litsea cubeba essential oil
5	天竺葵精油	Geranium essential oil
6	尤加利樹精油	Eucalyptus essential oil
7	白松精油	White pine essential oil
8	白葡萄柚精油	White grapefruit essential oil
9	石楠香精	Heather fragrance oil
10	肉桂精油	Cinnamon essential oil
11	肉桂葉精油	Cinnamon leaf essential oil
12	肉荳蔻精油	Nutmeg essential oil
13	佛手柑精油	Bergamot essential oil
14	快樂鼠尾草精油	Clary sage essential oil
15	沒藥精油	Myrrh essential oil
16	芒果香精	Mango fragrance oil
17	依蘭精油	Ylang –ylang essential oil
18	夜來香精油	Tuberose essential oil
19	松木精油	Pine essential oil

	中文	英文
20	法國薰衣草精油	French lavender essential oil
21	玫瑰天竺葵精油	Rose geranium essential oil
22	玫瑰香精	Rose fragrance oil
23	玫瑰草精油	Palmarosa essential oil
24	玫瑰精油	Rose essential oil
25	芫荽精油	Coriander essential oil
26	花梨木精油	Rosewood essential oil
27	保加利亞玫瑰精油	Bulgarian rose essential oil
28	南瓜派香料香精	Pumpkin-pie spice fragrance oil
29	紅柑精油	Tangerine essential oil
30	胡椒薄荷精油	Peppermint essential oil
31	苦杏精油	Bitter almond essential oil
32	苦橙葉精油	Petitgrain essential oil
33	茅香精油	Sweet grass essential oil
34	茉莉香精	Jasmine fragrance oil
35	茉莉精油	Jasmine essential oil
36	香草香精	Vanilla fragrance oil
37	香草精油	Vanilla essential oil
38	香橙精油	Orange essential oil
39	香蕉香精	Banana fragrance oil

	中文	英文
40	桂皮精油	Cassia essential oil
41	祕魯香脂精油	Peru balsam essential oil
42	粉紅葡萄柚精油	Pink grapefruit essential oil
43	茶樹精油	Tea tree essential oil
44	草莓香精	Strawberry fragrance oil
45	迷迭香精油	Rosemary essential oil
46	馬鬱蘭精油	Marjoram essential oil
47	梔子花精油	Gardenia essential oil
48	甜橙精油	Sweet orange essential oil
49	甜羅勒精油	Sweet basil essential oil
50	雪松精油	Cedarwood essential oil
51	琥珀香精	Amber fragrance oil
52	絲柏精油	Cypress essential oil
53	菩提花精油	Linden blossom essential oil
54	萊姆精油	Lime essential oil
55	黃樟油精油	Sassafras essential oil
56	黑胡椒精油	Black pepper essential oil
57	椰子香精	Coconut fragrance oil
58	瑞士松木精油	Swiss pine essential oil
59	葡萄柚香精	Grapefruit fragrance oil

	中文	英文
60	葡萄柚精油	Grapefruit essential oil
61	蜂蜜香精	Honey fragrance oil
62	綠薄荷精油	Spearmint essential oil
63	蜜桃香精	Peach fragrance oil
64	鳳梨香精	Pineapple fragrance oil
65	墨西哥萊姆精油	Mexican lime essential oil
66	廣藿香精油	Patchouli essential oil
67	橙花精油	Neroli essential oil
68	橡苔精油	Oakmoss essential oil
69	檀香精油	Sandalwood essential oil
70	薑精油	Ginger essential oil
71	檸檬尤加利精油	Eucalyptus citriodora essential oil
72	檸檬草精油	Lemongrass essential oil
73	檸檬馬鞭草精油	Lemon verbena essential oil
74	檸檬精油	Lemon essential oil
75	癒創木精油	Guaiacwood essential oil
76	薰衣草精油	Lavender essential oil
77	藏茴香精油	Caraway essential oil
78	羅勒精油	Basil essential oil
79	鐵杉精油	Hemlock essential oil

Chapter 8

手工液體皂
Q&A 研究室

本章囊括了許多製作液體皂上會碰到的「常見問題」，
並針對這些問題提供了一些簡單的「化解之道」。
然而，這些問題當中，有不少是跟油脂或鹼液的分量錯誤有關，
所以在執行秤量步驟時，
還請各位務必多加留意分量的正確性。

自製液體皂常見問題

　　液體皂的失敗，有 99% 都是因為原料秤量錯誤，或皂糊沒有充分加熱、尚未完全皂化所致，所以一台準確的秤和溫度計可以為你節省許多時間和省去很多麻煩。另外，如果你有皂液酸鹼不平衡的問題，本章第 190 頁的「校正酸鹼度問題」，亦有提供相關的改善方法。

Q 油脂和鹼液混合後無法變稠？

回答：依皂方選用的材料和混合方式而定，油脂和鹼液混合後，應該會在十五分鐘到一小時內變成糊狀。如果一小時後它們依舊呈現水狀，那麼問題有可能就出在你攪拌不夠、加熱的溫度不足或秤錯材料的分量了。

解決方式：如果你是用湯匙手動混合油脂和鹼液，請現在就改用電動調理棒、果汁機或食物調理機來混合它們。加熱期間，也請確認你的溫度維持在攝氏 71 到 76 度（華氏 160 到 170 度）之間。萬一你持續做了這些努力，而半小時後，兩者的混合物還是無法變稠，就很可能是秤錯材料的分量了。最有可能的情況是，油脂多加了。因為如果是鹼液加多了，鍋中的混合物通常會呈現「凝結」狀，或者是怎麼攪拌都無法消減的「澎發」狀。欲處理這種油脂過量的情況，請見第 191 頁的「脂肪酸過量的補救方法」。

油脂和鹼液的混合物呈現「凝結狀」？

回答：這個問題有時候是油脂和鹼液混合時，兩者溫差過大所致。但更多時候，鹼液過量或油脂不足才是造成這類現象的主因。因為強鹼溶液一旦無法立刻和油脂結合，就會讓兩者的混合物產生顆粒狀的凝結物。

解決方式：如果是兩者溫差過大所致，則加幾公克酒精到混合物中，稍加攪拌個幾分鐘，雙方應該就會在酒精的幫助下充分均質，呈現滑順的糊狀。萬一你在混合兩者時，它們並沒有溫差過大的問題，那麼問題可能就出在你的鹼加太多了。欲處理這種鹼液過量的問題，請見第 194 頁的「鹼過量的補救方法」。

調和與攪拌是製皂過程中最重要的一道步驟，
請千萬要用心執行。

油脂和鹼液的混合物在隔水加熱時出現分層的狀況？

回答：製作過程中，鉀皂比鈉皂更容易發生油水分層的狀況。因此，在製作鉀皂時，一定要先將兩者的混合物攪拌至如太妃糖般黏稠為止，才可放入外鍋隔水加熱。另外須特別注意的是，相較於富含椰子油的配方，富含軟油的配方與鹼液混合後（如沐浴露），其混合物的黏稠度會比較低，所以也會讓你比較容易誤判混合物的均質程度。

解決方式：通常只要多花幾分鐘攪拌，分層的狀況即會消失。

 皂糊在加熱時，出現「膨脹」的現象？

回答：以「皂糊熱製法」製作液體皂時，皂糊稍微膨脹屬於正常現象，因為先前你在混合皂糊時，或多或少會將一些空氣打入皂糊裡，而這些空氣受熱後就會膨脹，連帶讓皂糊略為脹大。

解決方式：以湯匙或刮刀攪拌一下皂糊，即可讓皂糊裡的空氣逸散。發現皂糊膨脹後的接下來一到一個半小時內，你可能還需要重複攪拌皂糊數次，裡頭的空氣才會澈底逸散，皂糊膨脹的狀況也才會隨之消退。萬一皂糊在加熱一個半小時後，還不斷有膨脹的狀況，那麼可能就表示皂糊裡的含鹼量過高，欲處理這種鹼液過量的問題，請見第 194 頁的「鹼過量的補救方法」。

Q 以「皂糊酒精製法」製作鉀皂時，酒精和鹼液的表面浮了一層油？

回答：在煮皂鍋封上塑膠布加熱前，酒精、油脂和鹼液需要充分拌勻。

解決方式：「皂糊酒精製法」混勻所有材料的時間可能只需要幾分鐘的時間，但就算鍋中的溶液看起來均質了，封膜加熱前，最好還是要將它多靜置個一分鐘看看它會不會出現分層的狀況。如果有，就再多攪拌個幾分鐘。切記，在煮皂鍋封膜加熱前，一定要特別確認鍋中溶液有無分層的狀況。

TIP 不論你想要解決的問題為何，在操作時，仍應謹守第二章列出的注意事項，小心處理每一種製皂原料。

加熱「皂糊酒精製法」的皂液時，皂液變得又稠又黏？

回答：這個問題是酒精過度揮發造成。

解決方式：加熱之前，永遠要先秤量煮皂鍋的總重。加熱時，如果發現鍋中的溶液表面出現啤酒沫般的泡沫，且質地轉為黏稠狀，就需要趕緊重新秤量煮皂鍋的總重，為它補足揮發掉的酒精。

 澄清的皂液表面浮著一層白色薄膜？

回答：這層薄膜是未皂化的脂肪酸。

解決方式：這種情況有可能是皂液的加熱時間不足，或是材料分量的秤量有誤所致。如果是材料分量有誤，整份皂液就必須依第191 頁的「脂肪酸過量的補救方法」來進行調整。

另外，這層薄膜也有可能是皂方中的蠟類（如羊毛脂）所造成，因為蠟類含有大量不可皂化的物質。在這個情況下，不論你把加熱時間拉得再長，都無法改變皂液的外觀。不過，如果是蠟類形成的薄膜，只要稍微搖晃一下皂液，這層薄膜就會重新融入皂液；或者，如果想要皂液常保清澈，也可直接將它們撈除。

Q 皂液混濁？

回答： 導致皂液混濁的原因很多，等一下你就會明白我所說的。

解決方式： 謹慎的製皂者會在稀釋整批 2722 公克重的皂糊前，先取 28 公克的皂糊或酒精皂液做為樣本，把它們溶在 57 公克熱水裡，觀察它們外觀的變化。如果在溶有樣本的熱水冷卻後，溶液出現混濁的現象（熱的時候通常看不太出來），就不該執行稀釋的步驟，而是應繼續想辦法改善皂糊或皂液的狀態。因為一旦用大量水分稀釋皂糊或皂液後，裡頭尚未充分作用的油脂和鹼液就會更難產生化學反應。

Note
小叮嚀

請記住，剛開始還未稀釋的皂液本來就會有一些混濁（尤其是「皂糊熱製法」的皂液），因為裡頭含有一些不易溶解的脂肪酸；之後這些不易溶解的脂肪酸，都可透過「分離皂液」這個步驟沉澱出來，所以千萬別將這類混濁解讀為操作失誤。隨著經驗的累積，你也可以慢慢分辨出「正常」和「不正常」的混濁狀況。

 酒精可加速皂化反應的速度。

🌿 導致皂液混濁的原因

　　製作液體皂的時候，大家最困擾的問題，就是皂液混濁，而造成這個問題的原因也不少。所以想要找出究竟哪一個原因是造成皂液混濁的兇手，勢必要發揮一番試誤法的精神才能篩選出來。以下就是最常導致皂液混濁的九大原因：

❶ **油脂和添加物：**富含棕櫚酸或硬脂酸的油脂會形成不易溶解的皂體，導致皂液呈現乳狀。羊毛脂和荷荷芭油等蠟類，因為含有大量不可皂化的物質，也會造成皂液混濁。其他像是蘆薈汁和香草植物泡製的香草水，雖然本身清澈透明，但一混入皂液，就會導致皂液混濁。為確保整批皂液的清澈度，在將每一樣可能導致皂液混濁的成分加入整批皂液前，請盡可能先少量測試一下它們對皂液的影響，特別是添加劑的部分。

❷ **硬水：**硬水裡的礦物質，尤其是鈣，會與氫氧化物反應，形成不易溶解的礦物鹽。所以在製作液體皂時，請一定要使用軟水或蒸餾水。

❸ **皂糊未充分攪拌：**工廠在高溫煮製鉀皂時，會不間斷地持續攪拌鉀皂糊，這一點在家裡的製作條件下很難做到。不過，讓油脂和鹼液澈底混勻，確實是確保整批液體皂成功產出的關鍵。攪拌油脂和鹼液時，請攪拌至混合物呈現黏稠的膠狀再停手，這是油脂和鹼液已經緊密融合在一塊兒的徵兆。質地略呈奶

霜狀的混合物，或許會讓人有種兩者混勻的錯覺，但其實此刻油脂和鹼液根本還沒有緊密融合在一起；也就是說，這時候的混合物很可能還處於沒有充分皂化的狀態。面對這種情況，通常只要再將皂糊隔水加熱一個小時左右，就可改善皂液混濁的問題。若想縮短加熱時間，也可以先把皂糊溶在酒精裡，再持續加熱；加熱期間持續取少量樣本檢測濁度，一旦溶有樣本的水在冷卻後依舊保持清澈，即可停止加熱。

❹ **加熱不足：**基本上，「皂糊熱製法」的皂糊煮三小時，「皂糊酒精製法」的皂液煮兩小時，就足以讓裡頭的所有脂肪酸充分皂化。但是，萬一加熱皂糊期間，外鍋裡的水溫不夠熱；或是在煮製「皂糊酒精製法」的皂液時，沒澈底滾煮兩小時，皆會讓它們裡頭的脂肪酸因加熱不足，無法充分皂化，導致皂液混濁。

❺ **材料分量秤量錯誤：**有一大堆原因都會造成皂液裡的脂肪酸過量，例如，未充分攪拌、加熱不足、氫氧化物不足或油脂過量等。然而，秤量時，把油脂秤得太多或氫氧化物秤得太少，才是造成脂肪酸過量的最常見原因，因此，在秤量材料時，請務必多次確認它們分量的正確性。欲了解如何補救油脂過多，或鹼液過少所造成的皂液混濁，請見第 190 頁「校正酸鹼度問題」的內容。

❻ **中和劑添加過量：**若添加過量的檸檬酸或硼酸，會使皂體析出皂液，導致皂液混濁；甚至，這些析出的皂體還會因酸鹼度過低，進一步分解成氫氧化物和游離脂肪酸。千萬別想要用這些

中和劑創造出市售那種標榜酸鹼度在 pH 7 的皂液，因為市售的那些「皂液」並非真的皂液。在真正的鉀皂裡添加檸檬酸確實可以創造出 pH 7 的皂液，但是由於此刻皂液的 pH 值太低，所以那些被析出的皂體也會被分解成氫氧化物和游離脂肪酸；而此刻，皂液不會再呈現混濁的外觀，而是會直接重回油脂和鹼液分層的狀態。

硼酸無法讓皂液的酸鹼度降到 pH 9.5 以下，因為硼酸會與氫氧化物作用，產生四硼酸鉀（potassium tetraborate）這種具清潔力的弱鹼物質。不過，就算硼酸不會將皂液的酸鹼度降到 pH 9.5 以下，過量添加硼酸仍會導致皂液混濁。

面對中和劑添加過量所導致的皂液混濁，最好的化解辦法大概就是添加溶劑（酒精、糖液或甘油），並執行「分離皂液」這個步驟一到兩週。

❼ **精油或香精**：精油和香精都無法完全溶於水中，所以一定要在皂液溫熱時添加它們，才能讓它們盡可能均勻散布在皂液裡。不過，就算如此，在添加這些香氛時，難免還是會造成皂液的混濁，特別是以精油賦香的時候。精油和香精造成的皂液混濁，

以謹慎的態度規劃和操作整個製皂過程，即可避開很多不必要的問題。

通常只要執行「分離皂液」這個步驟幾天，就會自動消失。如果在執行「分離皂液」這個步驟後，皂液混濁的狀況仍沒有改善，可以試著在皂液裡添加幾公克的溶劑，如甘油、酒精或糖液，可單獨添加，也可混合添加。

TIP　香精在調製的過程中，通常都會添加有助它們均質的溶劑，所以它們加到皂液裡時，造成的濁度大多不會像精油那麼嚴重。

❽ **硼砂過量：**如果皂液太稀，或許會想要多添加一些硼砂增強它的稠度。不過請謹記，硼砂（乾重）的添加量絕對不能超過皂液稀釋後總重的 2％到 3％。一旦超過這個比例，皂液就會因為酸鹼度過低，裂解出游離肪酸，轉為混濁。化解這個問題的最佳方法，就是先用一些溶劑稀釋皂液，然後再執行「分離皂液」這個步驟一到兩週。

❾ **皂液太濃稠：**如果要將皂糊調製成濃度較高的皂液成品，就有可能會碰到皂液混濁的情況。因為高濃度的皂液過於濃稠，其所含的不易溶皂體就無法透過「分離皂液」這個步驟沉澱出來。這類原因所造成的皂液混濁非常輕微，但如果它讓你覺得很礙眼，你可以先將皂液稀釋，並執行「分離皂液」這個步驟一週左右。等皂液清澈後，再將上層的清澈皂液輕輕倒出，重新放到爐火上加熱，揮發掉多餘的液體，待皂液煮至理想的稠度即成。或者，也可以直接添加幾公克的分離劑到皂液中，即可改善皂液過濃所衍生的輕微混濁。

✿ 校正酸鹼度問題

　　處理酸鹼度問題時，酚酞絕對是不可或缺的小幫手。若酚酞轉為澄清無色，就表示皂液含有過量的脂肪酸；若轉為深粉紅色或紅色則表示含有過量的鹼液。判讀的方式就是如此簡單。沒有它，你大概就只能憑經驗猜測皂液的酸鹼度了。

　　如何檢測酸鹼度：欲了解使用酚酞檢測皂液酸鹼度的詳細細節，請見第 38 頁。在還沒有酚酞時，古時候的製皂者又是用什麼方法來判斷皂液的酸鹼度呢？他們用舌頭來判斷。如果你沒有酚酞，或許可以試試他們的方法。取非常少量的皂液，輕輕地將冷卻的樣本點在舌尖上。中性的皂液會有點咬舌，但是這種咬舌感只會持續短短幾秒鐘。皂液點在你舌尖上時，如果你馬上就感受到一股強烈的刺痛感，就表示皂液裡的鹼太多了；如果你舌頭沒嚐到什麼味道，也沒有咬舌的感覺，那就表示皂液裡的鹼液含量不足。這個檢測方法雖然不是非常準確或科學，但是或許還是聊勝於無。

脂肪酸過量的補救方法

脂肪酸過量會導致皂液混濁，或是液面形成一層薄膜。還好，這個問題可以透過以下方法補救。

<hr>

❶ **延長加熱時間**：這是解決皂液混濁最簡單的方法，因為或許這些過量的脂肪酸只是需要多一點時間和皂液中的鹼反應。如果是「皂糊熱製法」的皂糊，請將皂糊再多隔水加熱一小時，期間必須充分攪拌。如果是「皂糊酒精製法」皂液，請將煮皂鍋重新置於爐火上，再多加熱個半小時。

完成額外的加熱後，從煮皂鍋裡取 28 公克的皂糊或皂液，溶於 57 公克的熱水中。待溶有樣本的溶液澈底冷卻，觀察看看溶液是否還非常混濁？如果是，請把這個樣本拌入 28 公克的**酚酞酸鹼指示劑**裡；看到酚酞的淡粉紅色消失、轉為無色的話，就表示皂液裡含有過量的脂肪酸，需要在皂液裡多加些氫氧化物。

> **酚酞指示劑轉粉紅時**
>
> 如果加入混濁的皂液樣本後，酚酞酸鹼指示劑的顏色轉為深粉紅色，就表示皂液含有過量的鹼。在這種情況下，就需要延長加熱的時間，或是另外添加油脂。

❷ **添加氫氧化物：**欲在脂肪酸過量的皂液裡額外添加氫氧化物，請先將 57 公克氫氧化物溶解在 170 公克水中，配置出鹼比水為 1：3 的標準鉀溶液。如果你是用「皂糊酒精製法」製作液體皂的話，一定可以輕鬆將這些鹼液拌入皂液裡；不過，如果是用「皂糊熱製法」的話，要把這些鹼液拌入已如焦油般黏稠的皂糊簡直是不可能的任務，所以在拌入鹼液前，需要先將皂糊溶在 567 公克酒精裡。

此刻，可以在煮皂鍋裡加入 28 到 57 公克鹼液，並以塑膠布密封煮皂鍋（請見第 66 頁），將煮皂鍋置於爐台上再加熱二十到三十分鐘。加熱過後，再從鍋中取 28 公克皂液，溶解在 57 公克水裡做為測試樣本。把此樣本加入 28 公克的酚酞指示劑中，如果樣本讓酚酞由粉轉無色，你就知道還需要再多加一些氫氧化物；所以請另外再加 28 到 57 公克鹼液到煮皂鍋裡，並額外煮二十分鐘左右。完成上述步驟後，再重新測試一次皂液的狀況。不斷重複這套動作，直到酚酞指示劑的顏色呈現淡粉紅色，或是測試樣本冷卻後只有微微混濁為止。

如果你沒有酚酞，就需要靠皂液的外觀來判斷。一開始，同樣需要依照上述步驟，先在皂液裡加入 28 到 57 公克的鹼液，加熱二十到三十分鐘，然後取 28 公克皂液，溶解在 57 公克水裡做為測試樣本。待這份測試樣本冷卻後，觀察它的外觀是否依舊混濁。如果是，就再於煮皂鍋裡添加 28 到 57 公克鹼液，繼續加熱二十到三十分鐘，重複上述方式再測試一次皂液的狀態。如果測試樣本冷卻後不再出現混濁的情況，就表示可以開始為皂液進行稀釋和賦香的動作了。

❸ **使用分離劑：**如果不想要重新加熱皂液，可以考慮添加分離劑，例如甘油、酒精或糖液。另外，將皂液靜置一到兩週，大部分混濁問題也都會有所改善。最後，請記得一件事，即便混濁的皂液看起來可能不是那麼美觀，但是它的清潔效果可是跟清澈皂液一模一樣。

 操作前，請先在心中預想可能會遇到的問題和應對方法，此舉可避免你在操作時手忙腳亂。

鹼過量的補救方法

取 28 公克皂液，溶解在 57 公克水中做為測試樣本，若此測試樣本加入酚酞指示劑後，酚酞轉為深粉紅色，就表示此皂液含有過量的鹼。酚酞的粉紅色愈深，就表示皂液裡的鹼愈多。

如果你是按照本書的配方操作，絕大多數時候，在用酚酞檢測皂液酸鹼度時，酚酞皆會呈現粉紅色，因為本書的配方都有故意將鹼的用量略微調高。在這個情況下，只需要另外在皂液裡添加八到十二滴濃度為 20% 的硼酸或檸檬酸溶液，酚酞指示劑的粉紅色應該就會逐漸轉淡；如果在添加了這個分量的硼酸或檸檬酸溶液後，酚酞指示劑依舊呈現深粉紅色或紅色，就表示皂液過鹼了。

如果沒有酚酞，大概很難分辨出皂液是否過鹼。脂肪酸過量還可以用皂液的混濁度來判斷，但鹼過量皂液的外觀甚至會變得更為清澈（不過請謹記，鹼過量的皂液也可能呈現混濁。此跡象就表示該皂液的加熱時間不足，溶液中的鹼和游離脂肪酸尚未徹底皂化）。有時候鹼過量的跡象會在一開始的煮皂階段就顯現，例如，油脂和鹼液的混合物出現顆粒狀的凝結物，或是不論怎麼攪拌，皂糊都會不斷「膨發」等。然而，這些狀況並非一定會顯現。

因此，在沒有酚酞指示劑的情況下，你或許就只能靠第 190 頁介紹的「味覺測試法」，用你的舌尖來評判皂液是否含有過量

的鹼。如果皂液裡含有過量的氫氧化物，你的舌尖馬上就會感受到一股刺痛感。

如何補救

在處理鹼過量的問題時，第一個動作就是先假設這個狀況是皂液加熱不足所造成的。所以如果是用「皂糊熱製法」製皂的話，請把皂糊再隔水加熱一個小時；若是用「皂糊酒精製法」的話，則把皂液放回爐火上，重新加熱三十到四十分鐘。加熱完畢後，將測試樣本（取 28 公克皂液，溶解在 57 公克水中）加入 28 公克的酚酞指示劑裡檢測。若添加了八到十二滴的檸檬酸或硼酸溶液後，酚酞指示劑依舊呈現深粉紅色，那就表示需要在皂液裡多加點油脂。

「皂糊熱製法」者，請先用 567 公克的酒精溶解皂糊，再添加油脂；「皂糊酒精製法」者，即可直接添加油脂。在煮皂鍋裡添加 28 到 57 公克的蓖麻油後，依照第 68 頁「皂糊酒精製法」的步驟用塑膠布封上鍋口。將密封好的煮皂鍋放入外鍋，隔水加熱約二十到三十分鐘。加熱完畢後，將測試樣本（取 28 公克皂液，溶解在 57 公克水中）加入 28 公克的酚酞指示劑裡檢測。若添加了八到十二滴濃度為 20％的檸檬酸或硼酸溶液後，酚酞指示劑又呈現深粉紅色或紅色，那就表示需要再多加點蓖麻油。在煮皂鍋裡再添加 28 到 57 公克的蓖麻油，覆上塑膠布，繼續再煮二十到三十分鐘。

反覆操作上述步驟，直至皂液的測試樣本讓酚酞指示劑呈現淡粉紅色為止。

TIP　蓖麻油是調整酸鹼度的最佳油品，因為它皂化的速度
比其他油脂快很多，還能提升皂液的清澈度。

經過一連串的嘗試和調整，你肯定也自製出了一系列完美無瑕的手作天然皂液、洗髮精、沐浴露和泡泡浴露。

名詞解釋

* **添加劑（Additive）**：添加在成皂裡，改善或強化皂品品質的物質。諸如分離劑、起泡劑、防腐劑和增稠劑都屬添加劑。

---

* **鹼（Alkali）**：任何可溶於水、中和酸性物質的氫氧化物。以製皂來說，氫氧化鈉或氫氧化鉀就是可中和脂肪酸的鹼。

---

* **硼砂（Borax）／硼酸鈉（Sodium Borate）**：一種弱鹼物質，可做為軟水劑、防腐劑、乳化劑、起泡劑、泡沫安定劑、酸鹼緩衝劑和「黏度調整劑」。是液體皂裡最全方位的一種添加劑。

---

* **濁點（Cloud Point）**：此點即皂液裡不易溶解物質聚集、皂液出現混濁的溫度。酒精、甘油或糖液之類的溶劑都可降低濁點，讓皂液裡的沉澱物比較不容易聚集。冷凍皂液則會提高皂液的濁點，使皂液在室溫下就出現不該有的混濁。

---

* **冷製法（Cold Process）**：一種製皂的方法，該製法在混皂的過程中完全不會加熱，因此脂肪酸和鹼的化學反應所產生的熱能，就是此種製皂法的主要熱力來源。

---

* **蒸餾水（Distilled Water）**：經煮沸、濃縮、去除所有礦物質和雜質的清水。

- **精油（Essential Oil）**：自植物果實、花朵或根莖蒸煮或搾取出的揮發性油品。常添加在香水、皂品裡，增添其風味。

- **乙醇（Ethanol, Ethyl Alcohol）**：透明、無色且非常易燃的酒精，由碳水化合物發酵而得。是製作透明皂主要使用的酒精種類。

- **脂肪酸（Fatty Acid）**：泛指所有與甘油酯結合的有機酸，這些有機酸是構成動物性和植物性油脂的主要元素，也是與鹼產生化學反應形成皂體的必要物質。脂肪酸的種類繁多，每種都有其獨特的屬性，可賦予皂品不同的特性。

- **香精（Fragrance Oil）**：人工合成的香氛，其氣味與精油或天然香氣（如水蜜桃味）相仿。大多數時候，「合成」香精還是會混入一些天然的精油。

- **甘油（Glycerin）**：為濃稠、透明、帶有甜味的液體，嚴格來說，它其實算是一種酒精。甘油是製皂過程中會產生的天然副產物，除此之外，它也可由石油裡的副產物丙稀合成。可做為潤膚劑、保溼劑，更是製作透明皂時的主要溶劑。

- **硬油（Hard Fat）**：任何在室溫下呈現固態的動物性或植物性油脂；硬脂酸和棕櫚酸是構成這類油脂的主要脂肪酸。其中，又以棕櫚油和牛油這兩種硬油最常入皂。

● **熱製法（Hot Process）**：一種製皂的方法，該製法會長時間的高溫加熱皂液，讓皂液裡的油脂和鹼液充分反應。對所有講究透明度的皂品來說，熱製法是一種必要的手段，因為高溫可讓皂液裡的過量脂肪酸充分皂化，降低皂液混濁的可能性。

● **保溼劑（Humectant）**：一種保持水分的物質。

● **氫化作用（Hydrogenation）**：這個作用會將氫氣加入液態油脂，作用過程中，液態油脂裡原本不飽和的脂肪酸會被轉變為結構類似的飽和脂肪酸。以油酸為例，經過氫化作用後，它就會轉為硬脂酸。氫化的油脂會造成液體皂混濁。

● **水解作用（Hydrolysis）**：在希臘文中「Hydro」代表「水」，「lysis」則有「解離」之意；由此可知，水解作用是一種利用水的化學作用來分解分子的方式。舉例來說，當油脂和鹼液混合後，水解作用就會讓脂肪酸與甘油分離。

● **異丙醇（Isopropyl Alcohol）**：來自石油的酒精，有時候會用它取代乙醇。異丙醇是很棒的溶劑和分離劑。

● **鹼液（Lye）**：強鹼溶液的統稱。具體來說，液體皂的鹼液是氫氧化鉀組成，皂條的鹼液則是氫氧化鈉組成。

● **酸鹼值（pH）**：酸鹼度的英文縮寫為「pH」，全名則為「potential of hydrogen」，其數值可代表溶液的酸鹼度。一般

來說，純水的 pH 7，就是所謂的中性；酸類的 pH 值低於 7，鹼類的 pH 值則高於 7。需要特別注意的是，我們平常所說的「中性」皂，其酸鹼度其實都落在 pH 9.5 左右。

● **酚酞（Phenolphthalein）**：一種可當作酸鹼指示劑的化合物。

● **碳酸鉀（Potassium Carbonate）**：又叫做「珍珠灰」，是一種鉀鹽。在鉀皂裡添加珍珠灰可使皂糊的質地變得較為柔韌、好攪拌，因為珍珠灰會自行插入皂糊裡的氫氧化鉀分子之間，削弱氫氧分子間的拉力。

● **氫氧化鉀（Potassium Hydroxide）**：一種強鹼，又稱苛性鉀，與脂肪酸結合後會產生液體皂。

● **松香（Rosin）**：松香是松樹樹脂蒸餾出揮發性油品後，所留存下來的淡黃色殘留物。松香酸是松香的主要成分，而松香酸與鹼反應的方式就跟一般脂肪酸相同。在皂液裡添加松香，可增加皂液的透明度和潤膚度，同時它還具有防腐的效用。

● **皂化（Saponification）**：一種可將脂肪酸和鹼轉變為皂類和甘油的化學反應。

● **分離皂液（Sequester）**：這是指在皂液稀釋後，將皂液「靜置」一到兩週的步驟。這段期間可讓皂液裡的不易溶解皂體聚集、沉澱，改善皂液整體的清澈度。

- **分離劑（Sequestering Agent）**：一種可降低皂液濁點，提升皂液清澈度的皂品添加物。酒精、甘油和糖液皆是良好的分離劑。

- **皂類（Soap）**：跟甘油一樣，皂類也是脂肪酸與苛性鈉（又稱氫氧化鈉）或苛性鉀（又稱氫氧化鉀）發生化學作用後，所產生的副產物。皂類其實算是一種鹽類。

- **氫氧化鈉（Sodium Hydroxide）**：又稱苛性鈉，是製皂的兩大鹼類之一。與脂肪酸結合後，可產出固體皂。

- **軟油（Soft Oil）**：室溫下呈液態，且含有大量油酸和亞麻油酸等不飽和脂肪酸。這些脂肪酸並不會破壞皂液的清澈度。製作透明皂時，軟油首選富含蓖麻油酸的蓖麻油，因為它還具有溶劑的特性，可增加成品的清澈度。

- **溶劑（Solvent）**：可溶解或分散另一種物質的液體。酒精、甘油、水和糖液都可做為溶劑，讓皂品維持在膠體狀態，並使不透明的皂品轉為透明。

- **磺化蓖麻油（Sulfonated Caster Oil）**：又稱「土耳其紅油」（Turkey Red Oil），是蓖麻油和硫酸反應後的產物。磺化蓖麻油可完全溶於水中，又不會造成皂液混濁，所以製作液體皂時，是非常棒的超脂劑。

公制轉換表

　　下表可將美制單位轉換為公制單位。由於轉換後的數值並不是十分精確，因此在將所有材料都轉換成相同單位後，請務必確認各材料間的比例是否還跟原配方相同。

配方裡的 美制單位	欲轉換的 公制單位	美制轉公制 乘上的係數
茶匙	毫升	4.93
湯匙	毫升	14.79
盎司	毫升	29.57
杯	毫升	236.59
杯	公升	0.236
品脫	毫升	473.18
品脫	公升	0.473
夸脫	毫升	946.36
夸脫	公升	0.946
加侖	公升	3.785
盎司	公克	28.35
磅	公斤	0.454
英寸	公分	2.54
華氏溫度	攝氏溫度	（華氏溫度 -32）x 5/9

生活樹 生活樹系列 080

親膚‧好洗 45 款經典手工液體皂

Making Natural Liquid Soaps: Herbal Shower Gels, Conditioning Shampoos, Moisturizing Hand Soaps, Luxurious Bubble Baths, and more

作　　者	凱薩琳‧費勒（Catherine Failor）
譯　　者	王念慈
總 編 輯	何玉美
主　　編	紀欣怡
責任編輯	李靜雯
封面設計	萬亞雰
內文排版	楊雅屏

出版發行	采實文化事業股份有限公司
行銷企劃	陳佩宜‧黃于庭‧馮羿勳‧蔡雨庭
業務發行	張世明‧林踏欣‧林坤蓉‧王貞玉
國際版權	王俐雯‧林冠妤
印務採購	曾玉霞
會計行政	王雅蕙‧李韶婉
法律顧問	第一國際法律事務所　余淑杏律師
電子信箱	acme@acmebook.com.tw
采實官網	www.acmebook.com.tw
采實臉書	www.facebook.com/acmebook01

I S B N	978-986-507-014-4
定　　價	360 元
初版一刷	2020 年 2 月
劃撥帳號	50148859
劃撥戶名	采實文化事業股份有限公司
	104 台北市中山區南京東路二段 95 號 9 樓
	電話：(02)2511-9798　傳真：(02)2571-3298

國家圖書館出版品預行編目資料

親膚‧好洗 45 款經典手工液體皂／凱薩琳‧費勒作；王念慈譯 . -- 初版 .
-- 臺北市：采實文化，2020.02
208 面；17*23 公分
譯自：Making natural liquid soaps : herbal shower gels, conditioning
shampoos, moisturizing hand soaps, luxurious bubble baths, and more
ISBN 978-986-507-014-4(平裝)
1. 肥皂
466.4　　　　　　　　　　　　　　　　　108007566